（明）洪应明 / 著

菜根谭

古人论述、修养、人生、处世、出世的语录集

辽海出版社

叁

# 目　　录

## 第六篇　驭人卷

菜根谭

二

目

录

三

菜根谭

●

四

目

录

●

五

菜根谭

● 六

## 菜根生光 …………………………………………………………… (673)

# 第七篇　处世卷

**咀嚼菜根** …………………………………………… (726)

目

录

一三

菜根谭

二六

# 咀嚼菜根（续）

## 按功设赏　据罪制刑

【原文】　执法而操柄，据罪而制刑，按功而设赏。赏一人而千万人悦，刑一罪而千万人惧。

【译文】　执行法律，掌握治国的权柄，根据犯罪情况而制定刑法，按照立功情况而设置奖赏。奖赏一个有功的人而使千万人高兴，惩治一个罪犯而使千万人畏惧。

## 罚当罪　奸邪止

【原文】　罚当罪，则奸邪止；赏当贤，则臣下劝。

【译文】　惩罚与其罪过相称，那么奸邪就会停止；奖励与其贤能相称，那么臣子们就会受到鼓励。

## 无德莫官　无功莫赏

【原文】　无德而官，则官不足以劝有德；无功而赏，则赏不足以劝有功。

【译文】　没有德行却使之做官，那么官职便不会对有德之人起到劝勉作用；没有功劳却予以奖赏，那么奖赏就不能够对有功之人产生激励作用。

## 赏不当功　不如不赏

**【原文】**　赏不当功，则不如无赏；罚不当罪，则不如无罚。

**【译文】**　奖赏如果与功劳不相称，还不如没有奖赏；惩罚如果不与罪行相符，还不如没有惩罚。说明必须赏罚得当。

## 赏及无功　恩不足劝

**【原文】**　赏及无功则恩不足劝，罚失有罪则威无所惧。

**【译文】**　奖赏无功之人，恩泽再厚也不能起到劝勉众人的作用；惩罚时漏掉有罪之人，再有威严也不能使人害怕。

## 赏当其功　罚当其罪

**【原文】**　世之治乱，在赏当其功，罚当其罪，即无不治。

**【译文】**　国家的治和乱，在于奖赏符合其功劳，惩罚符合其罪行，做到这点，就没有什么治理不好的了。

## 罪伐厥死　德彰厥善

**【原文】**　无有远迩，用罪伐厥死，用德彰厥善。

**【译文】**　无论亲疏远近都一律对待，以刑罚惩其罪行，以爵禄赏赐表彰其善行。

李衎《四清图》（局部）

# 有功必赏　　有罪必罚

【原文】　所憎者，有功必赏；所爱者，有罪必罚。

【译文】　对于所憎恨的人，假如有功劳一定要奖赏；对于所喜爱的人，假如犯罪也一定加以惩罚。

# 论功行罚　　不敢蔽贤

【原文】　论功劳，行赏罚，不敢蔽贤有私。

【译文】　评论功绩，实行赏罚，不敢有私心埋没贤才。

# 宠不增功　　疏不忘劳

【原文】　便辟、左右、大族、尊贵、大臣，不得增其功焉。疏远、卑贱、隐不知之人，不忘其劳。故有罪者不怨上，受赏者无贪心。

【译文】　宠臣、侍从、大族、权贵和大臣们，不得凭特权加功。关系远的、地位低的、不知名的，有功也不得埋没。这样，犯罪受刑的人不会抱怨上面，有功受赏的人也不会得寸进尺滋长贪心。

## 罚避亲贵　不可主兵

**【原文】**　罚避亲贵，不可使主兵。

**【译文】**　在掌握刑罚时回避宽宥亲友权贵的人，不可以让他统帅军队。

## 无功不赏　无罪不罚

**【原文】**　虽心之所爱而无功者不赏也，虽心之所憎而无罪者弗罚也。

**【译文】**　虽然是自己心爱的人，但无功也不赏；虽然是自己所憎恶的人，无罪也不罚。

## 行诛罚罪　不拘贵贱

**【原文】**　诛不避贵，赏不遗贱。

**【译文】**　惩处罪人时不回避权贵，赏赐有功时不遗弃身份低下的人。

## 禄不私亲　授之多功

**【原文】**　不以禄私其亲，功多者授之；不以官随其爱，能当者处之。

**【译文】**　不把爵禄私自赐给亲近的人，而只把它授给功劳多的人；不拿官爵赐给所爱的人，而只把它安排给能胜任的人。

## 不患无才　患无用道

【原文】　不患无才，患无用之之道。

【译文】　不用担心没有人才，值得担心的是没有使用人才的办法。

## 智者献计　能者进功

【原文】　明主操术任臣下，使群臣效其智能，进其长技。故智者效其计，能者进其功。

【译文】　英明君主掌握一套策略来任用臣下，使群臣能够献出他们的智慧，贡献他们的专长。因此，智者便献出他的计策，能者便献出他的成果。

## 不明于象　论材审用

【原文】　不明于象，而欲论材审用，犹绝长以为短，续短以为长。

【译文】　不了解各种人材的特征和表现，而想量才用人，就好比把长材短用、短材长用一样。

## 良弓难张　良马难乘

【原文】　良弓难张，然可以及高入深；良马难乘，然可以任重致远；良才难令，然可以致君见尊。

【译文】　好的弓箭难以拉开，然而却可以射得很远很深；好马难以驾驭，然而却既能负重又能驰远；好的人才难以摆布，然而却可以成就事业使君主受到尊崇。

# 择用小人　摒弃小人

**【原文】**　洗漆以油，洗污以灰，洗油以腻。去小人以小人，此古今妙手也，昔人明此意者几？故以君子去小人，正治之法也。正治是堂堂之阵，妙手是玄玄之机，玄玄之机，非圣人不能用也。

**【译文】**　用油可以洗油漆，用灰可以洗污迹，用腻子可以洗油。用小人来整治小人，这是古今绝妙的方法。过去能有几人懂得这个道理呢？因此说以君子来去除小人，是正当的整治之法。正当的整治是堂堂皇皇地进行，而巧妙的方法却有深奥的机巧。这深奥的机巧除非圣人才能够运用得当。

# 亡功不赏　有罪必诛

**【原文】**　亡功者受赏，有罪者不杀，百官废乱。

**【译文】**　无功的人受到奖赏，有罪的人不处以重刑，那么百官就会衰败混乱。

# 有功不赏　则善不劝

**【原文】**　有功而不赏，则善不劝；有过而不诛，则恶不惧。

**【译文】**　有功劳而不奖赏，好人就得不到鼓励；有过错而不惩罚，恶人就不害怕。

## 小才大用　力不从心

**【原文】**　不能治千人者，使处乎万人之官，则此官什倍也。

**【译文】**　连一千个都管理不好的人，却让他当管理万人的官，这官职就超过他能力的十倍了。意谓小才大用，力不从心。

## 不能而为　岂不悖哉

**【原文】**　使之为一犬一彘之宰，不能则辟之；使为一国之相，不能而为之，岂不悖哉！

**【译文】**　让一个人做宰杀一狗一猪的屠夫，假如不胜任尚且不能用他；让一个人作一个国家的宰相，不胜任还让他干，岂不是荒谬吗？

## 君子操权　正以立术

**【原文】**　君子操权一正以立术，立官贵爵以称之，论荣举功以任之，则是上下之称平。

**【译文】**　国君掌握权力，统一政令来制定策略；设置官吏，授予爵位来与功劳相配；按照荣誉，根据功绩来任用官吏。这样，从上到下官爵与功劳就相称了。

## 论德定次　量能授官

**【原文】**　论德而定次，量能而授官，皆使人载其事而各得其所宜。

**【译文】**　根据品德的高低而排定位次，衡量能力的大小而授予官职，使人人都能担负起适合他能力的工作。

# 德不称位　不祥大焉

【原文】　德不称位，能不称官，赏不当功，罚不当罪，不祥莫大焉。

【译文】　如果品德和地位不相称，才能和官职不相称，奖赏和功劳不相称，刑罚和罪行不相称，这是最大的不吉祥。

# 因任授官　循名责实

【原文】　因任而授官，循名而责实。

【译文】　根据能力而授与官职，依照官名所规定的职责而提出实际要求。

# 功劳俸禄　与之相配

邹喆《松林僧话图》

【原文】　官贤者量其能，赋禄者称其功。

【译文】　官员贤明，还要衡量他的实际才能与名声是否相符；对授予俸禄的人，要看他的功劳与俸禄是否相称。

# 力胜其任　能称其事

**【原文】**　有一能者服一事。力胜其任，则举之者不重也；能称其事，则为之者不难也。

**【译文】**　有某一方面的才能，就担负这一方面的工作。这样，他的力量能胜任他的职务，拿起来不觉得沉重；他的才能可以适应他做事情，做起来不觉得困难。主张按能力大小和特长安排工作。

# 人尽其才　物尽其形

**【原文】**　有大略者，不可责以捷巧；有小智者，不可任以大功。人有其才，物有其形。有任一而太重，或任百而尚轻。

**【译文】**　对于有雄才大略的人，不能以做具体事务是否敏捷灵巧来要求他；对于有小聪明的人，不可让他担负大的功业。人各有各的才干，物各有各的形状，有的人担任一项工作就显得很沉重，有的人担任上百项工作却显得很轻松。

# 官盛任使　忠信重禄

**【原文】**　官盛任使，所以劝大臣也；忠信重禄，所以劝士也。

**【译文】**　为大臣设置足够的属官，足供使令，这才是勉励大臣的好方法；讲究"忠"、"信"，并以厚禄来供养他们，这才是勉励人才为国效力的好办法。

## 知人善任　按劳取酬

**【原文】**　劳大者其禄厚，功多者其爵尊，能治众者其官大，故不能者不敢当其职焉，能者亦不得蔽隐。

**【译文】**　功劳大的人俸禄丰厚，功绩多的人爵位尊贵，能治理众多之民的人官职就大，所以没有能力的人就不敢担当他不胜任的职务，有能力的人也无法隐蔽了。

## 任之以事　断予之令

**【原文】**　高予之爵，重予之禄，任之以事，断予之令。

**【译文】**　对于有才能的人要给予高的爵位，厚的俸禄，任用他干事业，授予他决断政事的权力。

## 亲佞远贤　非治之道

**【原文】**　昵近小人，非致理之道；疏远君子，岂兴邦之义？

**【译文】**　亲近小人，不是国家大治之道；疏远君子，难道是国家兴盛的正理？

## 重信小人　将失贤士

**【原文】**　吝于财者失所亲，信小人者失士。

**【译文】**　对钱财过分吝啬就会连亲戚都失去，过于信任小人就会失去贤能之士。

## 用非所养　古今通病

【原文】　所用非所养，所养非所用，此古今之通患也。

【译文】　任用的人不是训练有素的，训练有素的人不被任用，这是古往今来用人方面一个共同的弊病。

## 俸禄充足　臣下肱骨

【原文】　用臣必先致其禄食，禄食足而臣莫不尽忠。

【译文】　君主使用臣下必须先给予足够的俸禄，俸禄丰足则臣下没有不尽忠效力的。说明足够的待遇是调动官员积极性的重要条件。

## 财者君轻　死者士重

【原文】　财者，君之所轻；死者，士之所重也。君不能施君之所轻，而求得士之所重，不亦难乎。

【译文】　钱财对您来说是很轻的；死亡对人才来说却是很重的。您平常不肯把钱财等轻的东西施舍给人才，而现在却要想让人才以死效力，不也是很难办到吗。

## 开其道路　察而用之

【原文】　开其道路，察而用之，尊其位，重其禄，显其名，则天下之士，骚然举足而至矣。

【译文】　打开进贤的道路，经过考察而任用他们，使他们的地位尊贵，使他们的待遇丰厚，使他们的名声显赫，那么天下有才能的人，就会争先恐后地到这里来了。

# 用兵之道　崇礼厚禄

**【原文】**　用兵之道，在崇礼而重禄。礼崇则智士至，禄重则义士轻死。

**【译文】**　用兵的原则，在于崇尚礼节，使俸禄丰厚。崇尚礼节，有才智的人就会到来，俸禄丰厚，有节操的人就会乐于替君主效死命。

# 贤人在位　天下而从

**【原文】**　贤人在而天下服，一人用而天下从。

**【译文】**　贤人在位，天下百姓都会服从；任用一个有才能的人，天下人都会听从。说明只有选贤任能，执政者才能深得民心。

# 忠臣于君　推贤荐能

**【原文】**　忠臣之于君也，必进贤人以辅之。

**【译文】**　忠臣对于自己的君主，一定要努力荐举贤人来辅佐他。

吴历《湖天春色图》

## 举荐贤人　功劳之举

**【原文】**　功无大乎进贤。

**【译文】**　没有比举荐贤人功劳再大的了。

## 君主英明　信贤而任

**【原文】**　信贤而任之，君之明也；让贤而下之，臣之忠也。

**【译文】**　信任贤人而任用他，这是君主的英明；让位给贤人而自己甘居贤人之下，这是臣子的忠诚。

## 贤主之求　有道之士

**【原文】**　贤主之求有道之士，无不以也；有道之士求贤主，无不行也。

**【译文】**　贤明的君主为求得有才能的人，没有什么办法不可使用；有才能的人为求得贤明的君主，没有什么事不能做。

## 国安注相　国危重将

**【原文】**　天下安，注意相；天下危，注意将。

**【译文】**　天下安定，注意丞相；天下危争，注意大将。意谓不同时期需要的人才有不同的重点，和平时期要多注意治国人才。

## 贤所不用　君者耻辱

**【原文】**　士贤而不能用，有国者之耻。

**【译文】**　有贤能之士而不被起用，这是做国君的耻辱。

## 为民选官　材必先论

**【原文】**　凡官民，材必先论之；论辨，然后使之；任事，然后爵位；位定，然后禄之。

**【译文】**　凡是为民选官，必须首先衡量他的才能；衡量他具备条件后，才能使用他；实践证明他胜任其事，然后给予爵位；爵位定了，然后才能享受俸禄。

## 覆见善游　奔见良御

**【原文】**　舟覆乃见善游，马奔乃见良御。

**【译文】**　船翻了才显出善于游泳的人；马奔跑起来，才显出好车夫。比喻经过实践考验才能识别人才。

## 知贤为难　知能为难

**【原文】**　任贤非难，知贤为难；使能非难；知能为难。

**【译文】**　任用贤德的人并不太难，识别有贤德的人才真正困难；使用有才能的人并不太难，发现有才能的人才真正困难。

## 未能大治　用之不尽

**【原文】**　一世之才，足以周一世之事，不能大治者，由用之不尽耳。

**【译文】**　一个时代的人才，完全可以把这个时代所有的事情办好；国家不能达到大治，是因为人才还没有被全部利用起来。

## 何患无才　未有金台

**【原文】**　呜呼！何代无奇才？世间未有黄金台。

**【译文】**　哪个朝代没有杰出的人才？只是没有让个人发挥才能的舞台罢了。

## 天下实材　深伏不发

**【原文】**　天下之实材，常深伏而不发，非遇事焉，则有终身不可窥者。

**【译文】**　世上真正有才能的人，常常隐蔽得很深而不容易显现出来，不遇到一定的事件和机会，有的人往往一辈子都发现不了。

## 有用之名　无用之实

**【原文】**　虽或接之以貌，待之以礼，然而言不见用，贤者不处也。或用其言也，而复使小人参之，责小利，期近效，有用贤之名，无用贤之实，贤者亦岂肯尸位素餐以取讥于天下哉！

**【译文】**　虽然你对人才很恭敬，能以礼相待，但是他们所说的话不被你采用，贤人是不停留在你这里的。或者采用了他们的话，但又让奸佞小人监督检查他，要求取得急功近利，这是空有用贤之名，而无用贤之实，贤者怎么能甘心这样像尸体一样占着位置白白吃饭、发挥不了作用而被天下人取笑呢？

# 求则得之　舍则失之

【原文】　天下未尝乏材，求则得之，舍则失之。

【译文】　天下的人才什么时候都没有缺乏过，如果你去寻求就能得到，如果你舍弃，人才也就失掉了。

# 论德施官　圣君之道

【原文】　论德使能而官施之者，圣王之道也。

【译文】　按照德和人才小设官用人，是圣王之道。

# 寻求贤者　如是者强

【原文】　身不能，知恐惧而求能者，如是者强。

【译文】　自身没有才能，知道害怕而去寻求有才能的人，这样就能强大。

# 不论贵贱　诚之以求

【原文】　先义而后利，安不恤亲疏，不恤贵贱，唯诚能之求。

【译文】　先义而后利，用人不顾亲疏，不顾贵贱，只去寻求真正有才能的人。

# 法不独立　类不自行

**【原文】**　法不能独立，类不能自行；得其人，则存；失其人，则亡。

**【译文】**　法制不可能独自建立，制度不可能独自推行。得到人才，就得以存在；失掉人才，就会遭到灭亡。

# 急得其人　身佚国治

**【原文】**　明主急得其人，而闇主急得其势。急得其人，则身佚而国治，功大而名美，上可以王，下可以霸；不急得其人，而急得其势，则身劳而国乱，功废而名辱，社稷必危。

**【译文】**　明主急于得到人才，而乱主急于得到威权。急于得到人才，本身就获得安逸，而国家就获得平治，功绩伟大，而名声美好，在上说可以成为王者，在下说可以成为霸者。不急于得到人才，而急于得到威权，本身就受到劳累，而国家就遭到紊乱，事功废弛，而名声狼藉，国家必然遭到危殆。

石涛、王原祁《兰竹图》

# 不视而见　大治状态

**【原文】**　天予不视而见，不听而聪，不虑而知，不动而功，块然独坐，天下众之，如一体，如四支之从心。夫是之谓大形。

**【译文】**　天子不用看，就能明察世事；不用听，就能通晓事理；不过分思虑，就能知道做事的方法；不劳师动力，就能成功；稳稳当当地独自静坐，而天下趋于顺从，如同一个整体，如同四肢的顺从心态。这就是最理想的治理国家的状态。

# 明智仁慈　君子珍宝

**【原文】**　知而不仁，不可；仁而不知，不可；既知且仁，是人主之宝也，而王霸之佐也。不急得；不知；得而不用，不仁；无其人，而幸有其功，愚莫大焉。

**【译文】**　明智而不仁慈，不可以作为辅相，仁慈而不明智，不可以作为辅相；既明智，又仁慈，这是君上的珍宝，而且是王者霸者的佐助。主上不急于得到人才，是不明智的；得到人才而不知道使用，是不仁慈的；没有这样的人才，可是想着侥幸成功，没有再比这个愚蠢的了。

# 日积月累　校之以功

**【原文】**　取人之道，参之以礼；用人之法，禁之以等。行义动静，度之以礼；知虑取舍，稽之以成；日月积久，校之以功。

**【译文】**　选取人才的道术，要用礼仪来辅助；使用人才的方法，要用等级来谨守。仪貌行动，要用礼义来制裁；知谋取舍，要用成就来考核；日积月累，要用功绩来较量。

## 精通道者　管理事物

**【原文】**　精于物者，以物物；精于道者，兼物物。

**【译文】**　精通于事物的人，能够认识、支配一种事物；精通于"道"的人，能够全面认识、管理事物。

## 认贤知良　即为明智

**【原文】**　知贤之谓明，辅贤之谓能。

**【译文】**　认识贤良，就叫做明智；辅佐贤良，就叫做才能。

## 尊敬珍宝　铲除妖孽

**【原文】**　口能言之，身能行之，国宝也；口不能言，身能行之，国器也；口能言之，身不能行，国用也；口善言，身行恶，国妖也。治国者，敬其宝，爱其器，任其用，除其妖。

**【译文】**　嘴能说得出，本身能做得到，这是国家的珍宝；嘴不能说出，本身能够做到，这是国家的器材；嘴能说得出，本身不能做到，这是国家的物用；嘴说得好，本身做得坏恶，这是国家的妖孽。治理国家的人，要尊敬珍宝，爱护器材，信任物用，铲除妖孽。

## 选才奉君　上等臣也

**【原文】**　下臣事君以货，中臣事君以身，上臣侍君以人。

**【译文】**　下等臣，用财货事奉君上；中等臣，用自身侍奉君上；上等臣，用选举贤才侍奉君上。

# 亡国之人　独断专行

**【原文】**　天下，国有俊士，世有贤人。迷者不问路，溺者不问遂，亡人好独。

**【译文】**　每一个国家都有俊士，每一个世代都有贤人。失迷方向的，是由于不问道路；被水淹没的，是由于不问水路；亡国的人是因为喜欢独断专行。

# 忠诚正直　聪明能干

**【原文】**　士必愿而后求智能者焉。不愿而多能，譬之豺狼不可迩。

**【译文】**　对于官员首先要求他必须忠诚正直，然后才要求他聪明能干。如果是一个奸诈而又富有才干的人，这种人就像豺狼一样不可接近。

# 无德无才　好似狼豺

**【原文】**　不仁不智而有材能，将以其材能以辅其邪狂之心，而赞其僻违之行，适足以大其非而甚其恶耳。

**【译文】**　有些人不仁不智却又有一些才能，这些才能必将给他的邪狂之心以帮忙，助长他搞歪门邪道，正好增长了他的错误，加重了他的罪恶。说明对无德有才之人不要忽视其消极能量和作用。

# 选拔人才　以才取人

**【原文】**　取其道不取其人，务其实不务其名。

**【译文】**　选用人才，要看他的主张而不看他是何人，注重他的真实本领而不注重他的名气。说明必须以才取人。

## 水平高低　见其志向

**【原文】**　考其行，论其世，察其志，辨其方，则其高下可得而睹矣。

**【译文】**　考核其行为，研究其身世阅历，考察其志向，辨别其方略，那么他的水平高低就能够看得很清楚了。

## 选用人才　不求全备

**【原文】**　有行之士，未必能进取；进取之士，未必能有行也。

**【译文】**　有德行的人，不一定有所作为；有所作为的人，不一定有完美的德行。主张不要因为道德品质上的某些问题而埋没有作为的人才，对人才不应求全责备。

缪嘉蕙《松鹤牡丹图》

# 鉴人好坏　在于功过

**【原文】**　善恶要于功罪而不淫于毁誉，听其言而责其事，举其名而指其实。

**【译文】**　鉴别人的好坏关键在于根据他的功劳或罪过，而不能过分听信于诽谤或选举。听到议论，应当要求拿事实来对照，举荐他的名声应当推究其实际。

# 必经核实　然后用之

**【原文】**　德必核其真，然后授其位；能必核其真，然后授其事；功必核其真，然后授其赏，罪必核其真，然后授其刑；行必核其真，然后贵之；言必核其真，然后信之。

**【译文】**　对于品德，必须经过核对是真实的，才能授予他爵位；对于能力，必须经过核对是真实的，才能分配他工作；对于功劳，必须经过核对是真实的，才能给予他奖赏；对于罪过，必须经过核对是真实的，才能对他施加刑罚；对于好的行为，必须经过核对是真实的，才能够提倡；对于言论，必须经过核实是真实的，才能相信。

# 先折品行　而后授任

**【原文】**　若其用人也，则不以言也；言而可听，心考其用心之贞淫，躬行之俭侈，而后授以大任。

**【译文】**　如果是用人，那就不能靠人的言谈了。他所说的话也可心听，然而必须考察他用心是正派还是不正派，自身行为是俭朴还是奢侈，而后才能授之以大任。

## 要用其人　仔细考察

**【原文】**　问之以言，以观其辞；穷之以辞，以观其变；与之间谋，以观其诚；明白显问，以观其德。

**【译文】**　用话问他，观察他的言辞谈吐；讲话时穷追到底，看他应变是否敏捷；秘密地考查他，看他是否诚实；直接了当地问他，看他德行如何。

## 使之以物　以观其态

**【原文】**　使之以财，以观其廉；试之以色，以观其贞；告之以难，以观其勇；醉之以酒，以观其态。

**【译文】**　让他管理财物，看他是否廉洁；试探地送他女色，看他是否守贞操；给他分派困难的任务，看他是否有勇气；让他畅饮美酒，看他酒后的容态。

## 见其阴阳　乃知其心

**【原文】**　必见其阳，又见其阴，乃知其心；必见其外，又见其内，乃知其意；必见其疏，又见其亲，乃知其情。

**【译文】**　既要看到他公开的一面，又要看到他隐蔽的一面，才能知道他的思想；既要看到他的外在表现，又要看到他的内心活动，才能知道他的用意；既要看到他疏远什么人，还要看到他亲近什么人，才能知道他的真情。

## 审其好恶　知其长短

**【原文】**　审其所好恶，责其长短可知也；观其交游，则其贤不消可察也。

**【译文】**　了解他喜欢什么和厌恶什么，就可以知道他的长处和短处；观察他同什么样的人交往，就能判断他是好人还是坏人。

## 人之过也　斯知仁矣

**【原文】**　人之过也，各于其党。观过，斯知仁矣。

**【译文】**　人们所犯的错误，同他们各自的社会类别有联系。所以考察一个人的错误，就知道他是哪一类人。

## 视其所以　观其所由

**【原文】**　视其所以，观其所由，察其所安。人焉瘦哉？人焉瘦哉？

**【译文】**　了解一个人，看他的所作所为，了解他所走过的道路，观察他的爱好。这样，那个人怎么能隐蔽得了呢？那个人怎么能隐蔽得了呢？

## 无以流言　以定其身

**【原文】**　观之以其游，说之以其行，君无以靡曼辩辞定其行，无以毁誉非议定其身。

**【译文】**　从他所结交的人去观察他，根据他的言行去评说他；不要凭华丽的辩论词采去审定他德行的优劣，不要凭他人的赞誉和诽滂去论定他的品节。

# 长远大计　　在于用贤

**【原文】** 佐贤则君尊、国安、民治；无佐则君卑、国危、民乱。故曰："备长在乎任贤。"

**【译文】** 辅佐之臣贤能，则君主尊严，国家安定，人民得治；没有贤能的佐臣，则君主卑辱，国家危殆，人民叛乱。所以说："长远大计在于选贤任能。"

# 知贤不用　　将要失败

**【原文】** 闻贤而不举，殆；闻善而不索，殆；见能而不使，殆。

**【译文】** 知道有贤才而不举用，要失败；听到有善人而不求取，要失败；见到能人而不任使，要失败。

# 宰相贤能　　国家大治

**【原文】** 相贤者国治，臣忠者主逸。

**【译文】** 宰相贤能，国家就治理得好；臣子忠诚做事，君主就安闲超脱。

# 贤良士众　　国家得治

**【原文】** 国有贤良之士众，则国家之治厚；贤良之士寡，则国家之治薄。故大人之务，将立于众贤而已。

【译文】　国家有众多贤良的人士，那么国家治理的功绩就大；贤良的人士少，国家治理的功绩就小。所以高级官员的职责，应当是使贤能之人多起来。

# 广得贤士　功成名就

【原文】　得士则谋不困，体不劳，名立而功成。

【译文】　得到贤能之士，谋划国事就不致困难，身体也不致劳苦，就可以名声大立，功业大成。

# 缓贤忘士　国之将亡

【原文】　非贤无急，非士无与虑国；缓贤忘士，而能以其国存也，未曾有也。

【译文】　君主不把选贤任能作为急迫的事情，那就不再有更为急迫的事情了。没有贤士，就没有人和自己谋划国事。怠慢和遗忘贤士，而能使国家很好地存在，这样的事从来不曾有过。

# 所得贤人　安逸国治

【原文】　所使要百事者诚仁人也，则身佚而国治。

【译文】　所任用的宰相等官员真是有才能的人，那么就可以达到自己十分安逸而国家大治。

## 人主无贤　如瞽无相

**【原文】**　世之殃，愚暗愚暗堕贤良。人主无贤，如瞽无相何伥伥！

**【译文】**　社会的灾祸，就在于愚昧昏暗的人毁弃了有德有才的人。君主如果没有贤才辅佐。就像盲人没有人搀扶一样无所适从。

龚贤《木叶丹黄图》

## 帝王之道　在于用人

**【原文】**　虽有尧之智而无众人之助，大功不立。

**【译文】**　虽然有尧一样的智慧，但没有众人的帮助，大的功业也不能建立。

## 君欲无盗　举贤而任

**【原文】**　君欲无盗，莫若举贤而任之；使教明于上，化行于下，民有耻心，则何盗之为？

**【译文】**　您要想消除盗贼之害，不如选拔有才德的人加以任用，使政治昌明于上，教化风行于下，人民有了羞耻之心，还会去做什么强盗呢？说明任用贤人，国家大治。

## 给予信任　使其施展

**【原文】**　"阃以内者，寡人制之；阃以外者，将军制之。"军功爵赏皆决于外，归而奏之。

**【译文】**　"城门门槛以内的事，由我（皇帝）作主；城门门槛以外的事，由将军作主。"军功的赏罚，爵位的升降，都由将军在外面决定，班师回朝后，再奏报君主。

## 主张权力　适当下放

**【原文】**　内外大臣之权，殆亦不可不重。权不重者气不振，气不振则偷，偷则敝。

**【译文】**　朝廷内外大臣的权力，恐怕也不应当不重一些。他们手中没有重权就精神不振，精神不振就会得过且过，得过且过那政事就衰败了。主张权力适当下放，使官员有职有权。

## 提高待遇　给予权力

**【原文】**　尊令长之秩，而予之以生财治人之权。

**【译文】**　提高地方长官的待遇，并且授予他们开辟财源治理民众的种种自主权。

## 授权于人　充分信任

**【原文】**　既已使之统，而又以不测之恩威，惟一时之功罪以行赏罚，则虽得其宜，而纲纪先乱。

**【译文】** 你既然派他统帅其事，而又常常用他料想不到的恩威，根据他一时的功罪进行赏罚，这样虽然有时收到点效果，却先把纲纪搞乱了。意谓既然授权于人，就不要从中掣肘，处处干涉。

# 上掣其肘　下不死绥

**【原文】** 锋镝交于原野，而决策于九重之中；机会变于斯须，而定计于千里之外，上掣其肘，下不死绥。

**【译文】** 刀剑弓矢交锋于原野之上；而战斗的决策却掌握在九重门内的皇帝手里，战场上的时机瞬息万变，而计谋的制定却是在千里之外的朝廷。上面对军队这样掣肘，下面的将领就不会对战争失败负死的责任。

# 揽权之弊　大权旁落

**【原文】** 上揽权则下避权，而权归于宵小。

**【译文】** 上级好揽权，那么下级只好回避用权，这样权力就落到了小人手里。说明执政者好揽权不仅会挫伤下面的积极性，而且会使大权旁落。

# 不协于极　皇则受之

**【原文】** 不协于极，不罹于咎；皇则受之。

**【译文】** 虽然人们的作为有时不合于最高原则，但只要还没有达到犯罪的程度，天子就应该宽容他。

# 讲献贤才　受到奖赏

**【原文】**　献贤受上赏，蔽贤蒙显戮。

**【译文】**　讲献贤才的人，应该受到最高的奖励；掩盖压制人才的人，应当受到严厉的惩处。

# 推荐人才　受之以赏

**【原文】**　得人者，行进贤之赏；谬举者，坐不当之辜。

**【译文】**　对推荐人才的人，应该给以荐贤举能的奖赏；对推荐不当的人，应当办他荐举不当的罪。

# 安天下人　使之乐业

**【原文】**　择天下之士，使称其职；居天下之人，使安其业。

**【译文】**　选择天下的人才，使职务和能力相称；安定天下的百姓，使他们都能安居乐业。

文同《墨竹图》

## 所荐贤者　以贤给赏

**【原文】**　所贡贤者，有赏，所贡不肖者，有罚。

**【译文】**　所荐举的人果属贤能，便给予荐举的人以奖励；所荐举的是不贤之人，便给其以惩罚。

## 知贤不进　朝有刿印

**【原文】**　知贤不进，朝有刿印。

**【译文】**　知道人才而不提拔，朝廷里面就会出现不爵赏有功的人。说明朝中无贤才，朝政就不会提拔有功的人。

## 爱才之心　用才之能

**【原文】**　思其人而不获其用，君子谓之无益。

**【译文】**　思慕这个人才，却又使这个人才不得重用，君子认为这样做是没有益处的。意谓不仅要有爱才之心，更要有用才之能。

## 推荐错误　以法论处

**【原文】**　举当否罪当如律。

**【译文】**　推荐错了，要按照法律对推荐者加以治罪。

# 贤臣之进　大臣之责

**【原文】**　贤臣之进，大臣之责也，非徒以言，而必有进贤之实。

**【译文】**　贤臣能否被任用，是大臣的责任，不只是说说而已，而必须有推举贤人的本事。

# 选天下才　任天下事

**【原文】**　选天下之才，任天下之事。

**【译文】**　选拔天下的人才，任用他们担负天下的事务。

# 核心人物　重要之责

**【原文】**　人主之职，在论相而已。

**【译文】**　君主的职责，就在于研究如何选拔好的宰相。强调核心人物的选拔是执政者的重要职责。

# 守不易知　择司宪者

**【原文】**　明君之治，择守令而已；守令不易知，择司铨司宪者而已。

**【译文】**　贤明的君主治理国家，不过是选择好郡守、县令而已。对郡守、县令，君主不容易了解，那么就必须选择好主管选拔人才和主管法令制度的官员。

## 举贤之名 用贤之实

**【原文】** 举贤而不用，是有举贤之名而无用贤之实也。

**【译文】** 举荐贤才而不能加以任用，是空有举贤之名而没有用贤之实。

## 不患无臣 患无君使

**【原文】** 天下不患无臣，患无君以使之；天下不患无财，患无人以分之。

**【译文】** 天下不怕没有能臣，怕的是没有善用人的君主去使用他们；天下不怕没有财货，怕的是没有善于理财的人去管理它们。

## 君主用贤 国家得治

**【原文】** 国未尝乏于胜任之士，上之明适不足以知之。是以明君审知胜任之臣者也。故曰：主道得，贤材遂，百姓治。

**【译文】** 国家并不缺乏能够胜任的人才，只是君主明察不够，还不足以了解他们。因此贤明的君主总是清楚地了解那些胜任的人臣的。所以说，君主具备用贤之道，贤才才能得用，百姓才能得治。

## 有贤不用 国之将亡

**【原文】** 国亡者，非无贤人，不能用也。

**【译文】** 国家被灭亡的原因，并不是由于国中没有贤人，而是执政者不能重用他们。

## 路不艰险　难识好马

【原文】路不险则无以知马之良，任不重则无以知人之德。

【译文】　道路不艰险，就识别不出是不是好马；责任不重大，就无法了解人的德行。说明只有通过实践的考验，才能看出人的德才高低。

## 素餐之吏　久尸厚禄

【原文】　无使素餐之吏，久尸厚禄。

【译文】　不要让那些白吃饭不干事的官吏像死尸一样，还长久地享受国家丰厚的俸禄。意谓对经过实践证明的无能的官吏要不客气地淘汰。

## 不引乌号　不知强劲

【原文】　不用干将，奚以知其锐也？不引乌号，奚以知其劲也？

【译文】　不使用干将这样的宝剑，怎么能知道它的锋利？不张开乌号这样的良弓，怎么能知道它的强劲？

## 危见臣节　乱识忠良

【原文】　时危见臣节，世乱识忠良。

【译文】　在时势危急的时候，才能显出臣子的气节；在天下混乱的时候，才能识别出忠贤。说明在关键时刻最能识别人。

## 求贤之道　并非一条

**【原文】**　凡求贤之道，自非一途。然所以得之审者，必由任而试之，考而察之。

**【译文】**　求贤的门路，当然不止一个途径。然而在得贤用人时一定要审慎，必须经过任用来试验他，经过考核采察明他的素质。

## 识材辨玉　须待时期

**【原文】**　试玉要烧三日满，辨材须待七年期。

**【译文】**　要验证宝玉是真是假，就得火烧三天，要分辨枕木和樟木，必须等它们长上七年。二句诗比喻事情的真伪、人才的优劣必须经过长时间的考验。

## 用人标准　德才兼备

**【原文】**　任人当审其贤不贤，未可贵其胜不胜。

**【译文】**　任用人应当看他是否德才兼备，不应当苟求他是不是每战必胜。意谓强调重视实践，但也不能以一战之胜负论英雄。

## 凡贤能者　先试以事

**【原文】**　凡贤者、能者，皆先试以事，久而有功，然后授之以爵，得禄食。

**【译文】**　凡是贤人、能人，一律先用事业来试用他，时间长了，建立了功劳，然后再授予他爵位，使他得到俸禄。

# 不临危难　不见其心

【原文】　不临难，不见忠臣之心；不临才，不见义士之节。

【译文】　不临危难，就无法识辨出忠臣的心迹；不面对着钱财，就无法看清义士的节操。

刘贯道《消夏图》

# 事到关键　见其节操

【原文】　盖棺始能定士之贤愚，临事始能见人之操守。

【译文】　人死之后才能定他是好坏，遇到关键事情才能看清其节操如何。说明评价一个人，需要有时间和实践的考验。

# 实践观察　不看一时

【原文】　不可以一言之中，一事之善，而兼取其大体也。

【译文】　不能因为某个人说对了一句话，做好了一件事，就说这个人的所有言行是可取的。强调在实践中全面考察人，不能只看一时一事。

## 实践检验　贤能为上

【原文】　毋以日月为功，实试贤能为上。

【译文】　不要以年龄资历作为升迁的资本，而应当把通过实践检验所显示的才能放在首位。

## 凡人不知　非名不见

【原文】　天下所贱，圣人所贵；凡人不知，非有大明不见其际。

【译文】　常有人为天下所贱视，而独为圣人所赏识。对于这些，普通人是不懂的，没有知人的卓识远见，是艰难看清其区别的。

## 知人善任　臣民感激

【原文】　知人则哲，能臣人。安民则惠，黎民怀之。

【译文】　知人善任，那才是有智慧的人，有智慧才能用人得当。能够把臣民治理好，便是使他们得到好处，这样臣民自然会感激执政者的。

## 观其言行　慎予官职

【原文】　听其言，迹其行，察其所能而慎予官。

【译文】　听他的言论，考察他的行为，观察他所具备的能力，而后审慎地给予相应的官职。

## 表里如一　名实相符

**【原文】**　以其出为之入，以其言为之名，取其实以责其名。

**【译文】**　根据他的外在表现，考察他的内心；根据他的言论，考察他的名声；根据他的实际，推求他的名声。说明考察人要表里、言行兼顾，名实相符。

## 深受迷惑　相似事物

**【原文】**　使人大迷惑者，必物之相似也。玉人之所患，患石之似玉者；相剑者之所患，患剑之似吴干者；贤主之所患，患人之博闻辩言而似通者。

**【译文】**　使人深受迷惑的，必定是相似的事物。玉工所伤脑筋的，是像玉一样的石头，鉴定剑的人所伤脑筋的，是像吴干一样的剑；贤明的君主所伤脑筋的，是见闻广博、能言善辩、似乎通达事理的人。

## 项王处事　妇人之仁

**【原文】**　项王见人恭敬慈爱，言语呕呕，人有疾病，涕泣分食饮，至使人有功当封爵者，印刓敝，忍不能予，此所谓妇人之仁也。

**【译文】**　项羽待人恭敬，慈爱有礼，言语温和，部下有人生了病，他会同情得流泪，把自己的饮食分给他；但是等到所任用的人立了功，应当封予爵位时，他却把刻好的印信拿在手里，玩弄得磨去了棱角还舍不得给人家，这就是所谓的妇人的仁慈。说明领导者光是体恤部下还不够，更重要的是要当奖则奖，否则就不是善于用人。

## 居位之长　理应厚禄

**【原文】**　彼君子居位为士民之长，固宜重肉累帛，朱轮四马。

**【译文】**　这些人才既然居于军士和百姓的长官位置，就理应领到丰厚的肉食和布帛，乘坐四马朱轮大车。主张官员要有优厚的待遇。

## 高薪养廉　割剥可绝

**【原文】**　俸禄诚厚，则割剥贸易之罪乃可绝也。

**【译文】**　官员的俸禄如果确实优厚，那么敲诈勒索贪污受贿和官员经商等犯罪事实才有可能杜绝。认为厚禄有利于养廉。

## 能守善战　念其待遇

**【原文】**　人所以夺战，至死不衰者，上之所施于人者厚也。上施厚，则下报之赤厚。

**【译文】**　人们之所以能做到能守善战，至死斗志不衰，是因为君主给予了他们丰厚的待遇。君主给予的丰厚，那么人们报答君主的必然也丰厚。

## 忠直官员　委以重任

**【原文】**　尊其爵，厚其禄，重其权。

**【译文】**　对于有才能的官员要使他的爵位尊贵，俸禄优厚，并授予比较重要的权力。

## 高悬爵位　以才得之

**【原文】** 县爵待士，唯有才者得之。

**【译文】** 高悬爵位，用以等待人才，只有真正有才干的人才能够得到它。

## 将之于外　令所不受

**【原文】** 将之于外也，君命有所不受，唯逐便利国家是务。

**【译文】** 将帅在外打仗，对君主的命令可以有所不接受，而只能以求取国家利益为宗旨。意谓要使在外统兵打仗的将帅有军事指挥上的自主权。

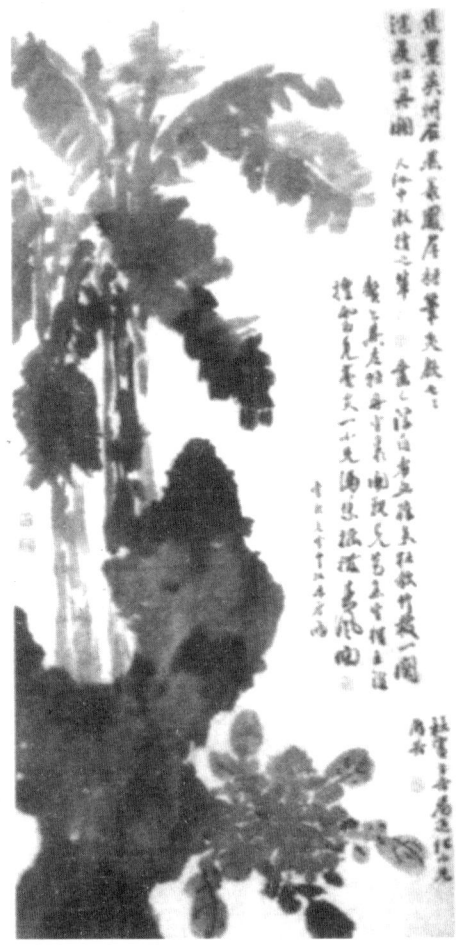

徐渭《牡丹蕉石图》

## 养贤之道　贤一泽万

**【原文】** 贤者，其德足以敦化正俗，其才足以顿纲振纪，其明足以烛微虑远，其强足以结仁固义；大则利天下，小则利一国，是以君子丰禄以富之，隆爵以尊之；养一人而万人者，养贤之道也。

**【译文】** 贤能之人，他的德行完全可以促进教化端正风俗，他的才能完全可以整顿朝纲振兴政纪，他的智慧完全可以洞察细微探谋远虑；他的力量完全可以结交仁人巩固信义；大则有利于天下，小则有利于一国。所以给他丰厚的俸禄使之富裕，授予高的爵位使之尊贵；养一个贤人，好处波及到万人，这就是养贤的道理。

# 得贤将者　兵强国昌

**【原文】**　将者，人之司命，三军与之俱治，与之俱乱。得贤将者，兵强国昌；不得贤者，兵弱国亡。

**【译文】**　将帅掌握着人的命运，三军可以因他而共安，也可以因他而同乱。国家得到贤明的将帅，就兵强国盛；如果不到，就会兵弱国亡。

# 广罗人才　治国根本

**【原文】**　治国者以积贤为道。

**【译文】**　治理国家的人以广罗人才为根本途径。

# 功加于民　德称其位

**【原文】**　为官择人，必得其材。功加于民，德称其位。

**【译文】**　按照官职本身的要求来物色人选，必定选到称职的人才。这样的人上来，才能对人民做出贡献，他的德行方能与其职位相称。

# 任得其力　官得其能

**【原文】**　举贤良，进茂才，官得其能，任得其力。

**【译文】**　起用贤良之士，招纳优秀人才，使朝廷的官位由有才能的人充当，职务由得力之人担任。

# 世不绝圣　国不绝贤

**【原文】**　世不绝圣，国不绝贤，天下有贤而我独不得，若吾生者，何以食为？

**【译文】**　世上不会没有圣人，国家也不会没有贤人，天下有贤人而我却不能看到，像我这样的活着，凭借什么吃饭呢？意谓为求不到贤才而焦虑和羞愧。

# 知贤不荐　即为不忠

**【原文】**　知而不进，是不忠也，不知，是不智也。

**【译文】**　知道贤人而不推荐，那就是不忠诚；不能识别贤人，那就是缺乏智慧。

# 处心积虑　求贤为大

**【原文】**　卑体劳心，以求贤为务。

**【译文】**　体貌谦卑，处心积虑，把求取贤能作为大事。

# 任用贤能　检验自己

**【原文】**　授方任能以参其听，断私降意以养将士。

**【译文】**　任用正直贤能的人，用来认真检验自己的见闻；杜绝私心，降低个人要求，用来培养将士。

# 唯才是举　得而用之

【原文】　二三子其佐我明扬仄陋，唯才是举，吾得而用之。

【译文】　你们大家要帮助我发现选拔那些埋没在下面的人才，只要有才能就推荐上来，使我能够任用他们。

# 忠义之士　在于进贤

【原文】　忠益者莫大于进人。

【译文】　对国家忠诚有益的事，最大莫过于推荐人才。

# 励精图治　莫先用人

【原文】　图治莫先用人，任人宜责实效。

【译文】　励精图治最要紧的莫过于选用人才；选用人才，应注重其实际成就。

# 因名则实　因实课功

【原文】　因名责实，因实课功，无所诿而各效其当为，此综核之要术也。

【译文】　根据其官职来要求其实绩，根据其实绩来考核其功过，使得官员无所推诿而各自致力于他应当做的事，这是全面考核官员的要领。

# 听言不试　妄者得用

**【原文】**　听言而不试，故妄言者得用；任人而不官，故不肖者不困。故明主以法案其言而求其实，以官任其身而课其功。

**【译文】**　听言论而不试验，所以说假话的人也得以举用；任用人材而不试以官事，所以不贤者会困窘。因此，英明君主用法度验证人的言论以求其实际，把官职放在人身上以考核其成果。

# 明主择贤　在于其材

**【原文】**　明主之择贤人也，言勇者试之以军，言智者试之以官。试于军而有功者则举之。试于官而事治者则用之。

**【译文】**　明君选择贤能之士，对于号称有勇的人，用参加战斗作试验；对于号称有智慧的人，用当官作试验。经过战斗试用，有功者就提拔他，在官府里试用，办事称职者就任用他。

# 亲近君子　朝无秕政

**【原文】**　为人君者，在乎善善而恶恶，近君子而远小人善善明，则君子进矣；悉恶著，则小人退矣。近君子，则朝无秕政；远小人，则听不私邪。

**【译文】**　做国君的，应当称赞善行而憎恶恶行，亲近君子而疏远小人。称赞善行态度明确，君子就会前来辅佐；憎恶恶行态度坚决，小人就会畏惧退避。亲近君子，朝政就不会有失误；疏远小人，视听就不会出现偏差。

## 近贤则聪　近愚则聩

**【原文】**　近贤则聪，近愚则聩。

**【译文】**　亲近贤明的人，就听觉灵敏；接近愚昧的人，耳朵就会闭塞。

## 采德戒色　近严远技

**【原文】**　采有德，戒声色，近严敬，远技能。

**【译文】**　采用有德行的人，警惕靡靡之音和女色，接近严肃自尊的人，远离花言巧语诡计多端的人。

## 疏远贤人　大权旁落

**【原文】**　虽有忠臣、硕士列于朝廷，而人主以为去已疏远，不若起居饮食、前后左右之亲为可恃也。故前后左右者日益亲，则忠臣、硕士日益疏，而人主之势日益孤。

**【译文】**　虽然有忠心耿耿的大臣和饱学之士在朝廷效力，但是君主却认为他们是距离自己疏远的人，不如那些生活在前后左右，照顾起居饮食的侍从们可以依靠。所以，同这些侍从日益亲密，而与忠心耿耿的大臣和饱学之士日益疏远，因而君主的势力也就日益孤单。说明对于身边的人过于亲宠会导致疏远贤人，大权旁落。

## 不近小人　谗者自远

**【原文】**　不迩小人，则谗谀者自远矣。

**【译文】** 不亲近小人，那么那些进谗言、善阿谀的人自然就会离得远远的。

# 国有忠臣　奸邪不起

**【原文】** 山有猛兽，藜藿为之不采；国有忠臣，奸邪为之不起。

**【译文】** 山中有凶猛的野兽，人们就不敢去采山菜；国家有忠臣，奸邪之辈就成不了气候。

# 取信去诈　禁暴止奢

**【原文】** 取诚信，去诈伪，禁暴乱，止奢侈。

**【译文】** 取用忠诚守信用的人，除去奸诈虚伪的人；禁暴乱之行，止奢侈之事。

# 驱逐奸民　社会安定

**【原文】** 逐奸民，诘诈伪，屏谗慝，则奸人止。

**【译文】** 驱逐奸民，查究伪诈，排除谗言邪恶之徒，好人就会消声匿迹。

龚贤《清凉环翠图》

# 选才之道　以德为先

**【原文】**　取士之道，当以德行为先。

**【译文】**　选用人才的原则，应当把德行的考核放在首位。

# 衡量人才　以德为本

**【原文】**　论才则必以德为本。

**【译文】**　衡量人才必须以思想品德为根本。

# 国家用人　品德为本

**【原文】**　国家用人，当以德器为本，才艺为末。

**【译文】**　国家用人，应当把品德气度做为根本，而把才干技艺做为末梢。

# 知人之性　莫难察焉

**【原文】**　知人之性，莫难察焉。美恶既殊，情貌不一，有温良而为诈者，有外恭而内欺者，有外勇而内怯者，有尽力而不忠者。

**【译文】**　了解一个人的品德和才智，是不容易考察的。美和丑虽然在本质上有根本的区别，但外貌和内心的表现形式却不是一致的。有的人看起来纯朴忠厚，实际上却是奸诈的；有的人表面上恭恭敬敬，而背地里却干骗人的勾当；有的人貌似勇敢而实际是个胆小鬼；有的人虽尽力工作，心底却不忠诚。

# 是否有才　实践检验

【原文】　官达者，才未必当其位；誉美者，实未必副其名。

【译文】　官运亨通的人，才能未必和他的地位相当；声誉很高的人，实际情况未必和他的声望一致。意谓不能根据官位高低和声名大小来判断是否真有才能。

# 人才难得　人才易失

【原文】　人才难得而易失，人主不可不知之。

【译文】　有才能的人难以得到而又容易失去，做君主的不能不清楚这一点。

# 见贤不留　使能不怠

【原文】　见贤不留，使能不怠。

【译文】　发现有贤德的人，不让他闲置在野；使用有能力的人，从来不怠慢。

# 推荐德才　国家兴旺

【原文】　进贤兴功，以作邦国。

【译文】　推荐德才兼备的人出来建功立业，使得国家兴旺发达。

# 馈赠国宝　不如荐贤

**【原文】**　归国宝，不若献贤而进士。

**【译文】**　馈赠国家稀有之宝，不如推举进献贤能之士。

# 当务之急　亲近贤人

**【原文】**　仁者无不爱也，急亲贤之为务。

**【译文】**　仁者本应无所不爱，但必须把亲近贤人作为当务之急。

# 贤者在位　能者在职

**【原文】**　贵德而尊士，贤者在位，能者在职。

**【译文】**　重视德行，尊敬贤能，使道德高尚的贤人在位，才华出众的能人任职。

# 天下之事　尤在于人

**【原文】**　天下之事，图之固贵予有其法，而尤在于得其人。

**【译文】**　要管理好国家大事，好的政策办法固然重要，但最关键的是要有合适的人才。

## 欲讲富强　则要储才

【原文】　欲讲富强以刷国耻，则莫要于储才。

【译文】　要使国家富强起来以洗刷耻辱，那么最重要的应该是培养和储备人才。

## 论资排辈　难得异材

【原文】　循资格可以得庸谨，不可以得异材。

【译文】　论资排辈只能得到平庸无能谨小慎微的人，不能得到德才超群的人。

## 论别艺能　百官序矣

【原文】　论贤才之艺，别所长之能，则百官序矣。

【译文】　探讨使用人才的方法，区别各方面人才的长处，那么，百官职位的分配就井然有序了。

## 尺有所短　寸有所长

【原文】　大匠无弃才，寻尺各有施。

【译文】　在能工巧匠手里不会有废弃的木材，长一点短一点的都各有各的用处。指高明的领导者善于使用各种各样的人才。

# 贵之不骄　委而不专

【原文】　贵之而不骄，委之而不专。

【译文】　让某人担任显要职务而不骄纵他，给他大权而不使他独断专行。

# 骐骥不乘　皇皇更索

【原文】　释骐骥而不乘，焉皇皇而更索。

【译文】　在身边的千里马弃置不用，还匆匆忙忙到哪里去找好马呢？指人才近在眼前却视而不见，缺乏识才慧眼。

禹之鼎《王士祯放鹇图》

# 歪风盛行　绳墨不正

【原文】　请竭任举之说胜，则绳墨不正。

【译文】　如果走后门、通关节的歪风盛行，那么用人的标准就必然发生偏差。

# 奸佞之人　勿委重任

【原文】　訾卫之人，勿与任大。

【译文】　对喜欢诋毁好人、称赞坏人的人，不能委以重任。

# 善为刑罚　圣人自来

【原文】　善为刑罚则圣人自来，尚贤使能则官府治。

【译文】　正确地使用刑罚，圣人就能主动到你这边来；尊敬贤者，使用能干的人，官府就能治理好。

# 赏功罚罪　天下从之

【原文】　罚有罪、赏有功则天下从之矣。

【译文】　惩罚有罪，赏赐有功，天下人就都纷纷跟从了。

# 赏罚不明　未能治民

【原文】　有功而不能赏，有罪而不能诛，若是而能治民者，未之有也。

【译文】　有功不赏赐，有罪不惩罚，却能治理好人民，这样的事是从来没有的。

# 见其可也　喜之有征

【原文】　见其可也，喜之有征；见其不可也，恶之有形。赏罚信于其所见，虽其所不见，其敢为之乎。

【译文】　见到人们做好事，喜悦还要有实际奖赏；见到人们做坏事，厌恶并且有具体惩罚。赏善罚恶，对于亲自领受的人确实兑现了，那未亲身经历的人也就不敢胡作非为了。

# 人各有长　贵在善用

【原文】　善用人底，是个人都用得；不善用人底，是个人用不得。

【译文】　善于使用人的人，对每个人都能够加以利用；不善于使用人的人，任何人都没有办法使用。

# 宁用破绽　不用寻常

【原文】　小廉曲谨之士，循涂守辙之人，当太平时，使治一方、理一事，尽能奉职。若定难决疑，应卒蹈险，宁用破绽人，不用寻常人。虽豪悍之魁，任侠之雄，驾御有方，更足以建奇功，成大务。噫！难与曲局者道。

【译文】　小心谨慎的人，循规蹈矩的人，当天下太平的时候，任命他们治理一个地方，管理某件事情，还是能够忠于职守的。但是到了决断疑乱的关头，或必须赴汤蹈火的时刻，宁可任用有缺点的人，也不能任用平庸的人。即使是剽悍豪勇的莽夫，放任不羁的枭雄，只要使用的方法得当，就会使他们建立奇功，创出宏大的事业。唉！这些道理是很难与昏惑之人谈论的。

# 识人察言　枉人鲜矣

【原文】　闻毁不可遽信，要看毁人者与毁于人者之人品。毁人者贤，则所毁者损；毁人者不肖，则所毁者重。考察之年，闻一毁言如获拱璧，不暇计所从来，枉人多矣。

【译文】　听到诋毁不可立即相信，要分析被诋毁者和被诋毁者的人品如何。诋毁者贤良，那么被诋毁的人就确实是错误的；诋毁者自己不好，则被诋毁的人就是正确的。在评判某个人时，一听到诋毁的话就像得了宝贝，而不用时间调查这诋毁之言是从何而来，那么冤枉的人就多了。

# 其进锐者　其退速也

【原文】　于不可已而已者，无所不已。于所厚者薄，无所不薄也。其进锐者，其退速。

【译文】　对于不应当废弃的人却废弃了，那就没有什么不可废弃了。对于应当厚待的人却薄待了，那就没有什么人可以薄待了。那些进用太突然了的人，他们被罢退也必然十分迅速。

# 任人以事　存亡治乱

【原文】　任人以事，存亡治乱之机也。无术以任人，无所任而不败。

【译文】　任用人去担任职事，这是存与亡、治与乱的关键。不讲策略去任用人，就没有哪一项任命不失败。

# 所谓明者　众不得为

【原文】　所谓明者，使众不得不为。

【译文】　所谓聪明的国君，他能使众人不得不尽力做事。意思是执政者要善于用人，使之自觉地努力工作。

# 贤德之人　必用道义

【原文】　凡使贤不肖异：使不肖以赏罚，使贤以义。故贤主之使其下也必义，审赏罚，然后贤不肖尽为用矣。

【译文】　使用贤德之人和不贤之人的方法不同：使用不贤之人用赏罚，使用贤德之人用道义。所以贤明的君主使用自己的臣属一定要根据道义，慎重地施行赏罚，然后贤德之人和不贤之人就能为自己所用了。

## 正确管理　敬畏服从

【原文】　人主知所以临制臣下而治其众，则群臣畏服矣；知所以听言受事，则不欺蔽矣。

【译文】　君主懂得怎样统治掌握臣下，管理众僚，群臣就敬畏服从；君主懂得怎样听取意见来受理政事，就不会被欺骗和蒙蔽。

## 取非其官　岂不难哉

【原文】　官爵乃天下之官爵，取非其官，官非其人，而望天悦而民服，岂不难哉！

【译文】　官职爵位是天下人的官职爵位，所选取任职的人不胜任这样的官职，官职得到的又不是所需要的那样的人，这样还指望上天欢悦、百姓敬服，岂不很难吗？

## 任天下才　无所不可

【原文】　吾任天下之智力，以道御之，无所不可。

【译文】　我任用天下有才能的人，用正确方法使用他们，就没有干不成的事业。

# 无为而化　用人得要

【原文】　舜举五臣，无为而化，用人得其要也。

【译文】　虞舜只用了五个大臣，他自己不做什么具体事务，天下就被治理得很好，原因就是他在用人方面掌握了要领。

# 恃智自用　国将忧矣

【原文】　君恃智以自用，倨礼而傲下，授柄匪人，任人不信，将不正应，内包犹豫之惑，外丧驭众之威矣。

【译文】　国君依仗自己的才智刚愎自用，在礼节方面傲慢而看不起臣下，将权力交给不正派的人，用人又不信任人，将领就不会以正直应命，内心怀有犹豫不定的迷惑，在外也就失去统率众人的威严。

# 天下混乱　在于立法

【原文】　天下有二患：有立法之弊，有任人之失。二者疑似而难明，此天下之所以乱也。

【译文】　天下有两个灾患：一是立法方面的弊病；二是用人方面

普荷《渔乐图》

的失误。这两个方面彼此相似，是非难辨，这是天下之所以混乱的原因。

## 非常之功　待非常人

**【原文】** 有非常之功，必待非常之人。故马或奔踶而至千里，士或有负俗之累而立功名。夫泛驾之马，跅驰之士，亦在御之而已。

**【译文】** 凡是非同寻常的功业，必须等待非同寻常的人才去完成。良马凶暴不驯，却能奔驰千里，贤士往往受世俗的攻击，却可建立功名。翻车的马，放荡不羁的贤士，亦只在如何驾驭而已。

## 天下之难　难在用人

**【原文】** 言之之难，不如容之之难；容之之难，不如行之之难。

**【译文】** 能让人说话为难，但还不如能容纳人为难；能容难人为难，但还不如能任用人为难。

## 中人之性　在于使用

**【原文】** 中人之性，好像如水之大器，方员不常，顾用之者何如尔。

**【译文】** 才德居于中等水平的人的品性，水在容器里一样，或方或圆，形状是不固定的，就看用他的人怎么使用罢了。

## 有机可乘　定能取胜

**【原文】** 得欧冶，授以剑材不授以铸法；得俞跗，与之药物不与之药方。

【译文】　得到欧冶子这样的人，给他铸剑的材料而不用教给他铸剑的方法；得到俞跗这样的人，给他治病的药物而不用给他治病的药单。喻指对于有专业的人，只需提供必要的物质条件。

# 为治之道　在于用人

【原文】　为治之道，在于用人。用人之道，在于任官。

【译文】　治政的主要途径，在于善于用人；用人的主要之道，在于任用各级官员。

# 任贤举能　官民和睦

【原文】　推贤任能，庶官乃和。

【译文】　推荐德才兼备之人，并授予重要职务，官员们就会团结一致。

# 事在是非　公无远近

【原文】　事在是非，公无远近。

【译文】　办事的关键在于判别是非，推荐人才关键在于出于公心，而不必考虑与自己关系的亲疏远近。

# 人洁以进　与其洁也

【原文】　人洁己以进，与其洁也，不保其往也。

【译文】　人家把身上的污点洗干净了要求进步，就要赞许他们的洁净，不要抓住他们过去的污点不放。

## 体恤下属　下属感激

**【原文】**　敬大臣，则不眩；体群臣，则士之报礼重。

**【译文】**　能够尊敬大臣，在处理事情时就不会感到迷惑不定；能够体恤众臣，那些官员就会重重报答恩德。

## 以力服人　非心服也

**【原文】**　以力服人者，非心服也，力不赡也；以德服人者，中心悦而诚服也。

**【译文】**　倚仗势力征服别人的，别人并不是从心里服从他，而是出于力量不足的原因。凭借德行使别人归附自己的，别人是心悦诚服，完全出于自愿。

## 君子贤人　气度如海

**【原文】**　君子贤而能容罢，知而能容愚，博而能客浅，粹而能容杂，夫是之谓兼术。

**【译文】**　有才德的贤能人，却能容纳才能低下的人；他很有智慧，却能容纳愚钝的人；他的胸襟和知识广博，却能容纳浅薄的人；他道德高尚纯洁，却能容纳品行不纯的人。这就是容纳各种人的方法。

## 尊敬贤人　容纳众人

**【原文】**　君子尊贤而容众，嘉善而矜不能。

【译文】　君子尊敬贤人而且能够容纳众人，赞美善人而且能同情没有才能的人。

# 君子之爱　人也以德

【原文】　君予之爱人也以德，小人之爱人也以姑息。

【译文】　君子以培养对方的品德来爱护人，小人以姑息迁就对方的错误来爱护人。意谓姑息迁就不是对人的真正爱护。

# 威严猛厉　闭而不竭

【原文】　威严猛厉，而不好假道人，则下畏恐而不亲，周闭而不竭。

【译文】　如果统治者一味威严猛厉，而不善于宽容诱导，那么下面的人就只知道害怕而不同上面亲近，隐瞒真情而不尽情相告。

# 人以类聚　物以群分

【原文】　守廉慎者，各举清干之人；有脏污者，各举贪浊之人；好徇私者，各举请求之人；性庸暗者，各举不材之人。

【译文】　严守廉洁谨慎者，他所举荐的多是清白干练之人；贪污受贿者，他所举荐的多是插鄙龌龊之人；徇私舞弊者，他所举荐的多是拍马求官之人；平庸无能者，他所举荐的多是没有才干之人。

# 贤圣之君　不私其亲

【原文】　贤圣之君，不以禄私其亲，功多者授之；不以官随其爱，能当者处之。

【译文】　贤明的君主不把俸禄随便送给自己的亲友，而是授予功劳多的人；不把官位随便送给自己喜欢的人，而是授予德才兼备的人。

## 以能受官　成功之君

【原文】　察能而受官者，成功之君也。

【译文】　根据才能而授予官职，这才是能够建功立业的君主。

## 选拔贤能　以循绳墨

【原文】　举贤而授能兮，循绳墨而不颇。

【译文】　选拔重用贤能之人应遵循一定的标准，防止发生偏差。

江参《千里江山图》（局部）

# 瑕不掩瑜　瑜不掩瑕

**【原文】**　瑕不掩瑜，瑜不掩瑕。

**【译文】**　一块玉石的斑点不能掩盖美好光泽的部分，质地光泽的部分也不能掩盖斑点。比喻对人和事的优缺点要区别对待，全面衡量。

# 天地之间　绝无全能

**【原文】**　天地无全功，圣人无全能，万物无全用。

**【译文】**　天地没有万能的功效，圣人没有万能的本领，事物没有万能的用处。

# 不可必得　故思其次

**【原文】**　不可必得，故思其次也。

**【译文】**　得不到合乎标准的人才，便只好想到次一等的了。

# 所谓贤者　并非全才

**【原文】**　君子之所谓贤者，非能遍能人之所能之谓也；君子之所谓知者，非能遍知人之所知之谓也。

**【译文】**　君子所说的贤能，并不是说能够全面做到一切人所能做到的事情；君子所说的智者，也并不是说能够知道一切人所能知道的事情。说明贤人并非万能之人。

# 举贤任能　难得十全

**【原文】**　以全举人固难，物之情也。

**【译文】**　以十全十美的标准来举荐任用人当然很难，这是事物的实情。

# 事物选择　重其长处

**【原文】**　尺之木必有节目，寸之玉必有瑕瓋。先王知物之不可全也，故择务而贵取一
孔。

**【译文】**　一尺长的树木必有节结，一寸大的玉石必有瑕疵。每个人都知道事物不可能十全十美，所以对事物的选择只看重其长处。

# 进贤之难　在于废贱

**【原文】**　进贤之难者：贤者用，且使已废；贵，且使已贱。

**【译文】**　荐举贤人之所以困难，是因为：贤能的人被重用了，同时就使自己变得可能被废黜；贤能的人尊贵了，同时就可能使自己贫贱。

# 毫无妒忌　荐举贤能

**【原文】**　人臣莫难于无妒而进贤。

**【译文】**　对于臣子来说，最大的困难是没有嫉妒之心而能够荐举贤能。

## 如今士子　与往甚远

**【原文】**　而今天下之士君子，居处言语皆尚贤；逮至其临众发政而治民，莫知尚贤而使能。

**【译文】**　如今天下的士人君子，平时言谈都尊崇贤人，到了他自己统御众人，发布政令，治理百姓时，就往往不知道尊崇贤士，使用能人了。

## 治理天下　求得人才

**【原文】**　为天下得人者谓之仁。是故以天下与人易，为天下得人难。

**【译文】**　为治理天下求得杰出的人才，才真正称得上是仁。所以把天下让给别人倒容易，为天下挑选到人才却很难。

## 乱国之中　非无贤人

**【原文】**　乱国之官，非无贤人也，其君弗之能任，故遂于亡也。

**【译文】**　不安定的国家的官职，不是没有贤人可以担任，而是这个国家的君主不能任用他们，所以终于导致灭亡。

## 贤者废锢　不得圣主

**【原文】**　官无直吏，位无良臣，此非今世之无贤也，乃贤者废锢，而不得达于圣主之朝尔！

**【译文】**　官场中没有正直的官吏，官位上没有优秀的臣子，这并不是因为当今之世没有贤人，而是贤人们都被弃置和禁锢着，不能为朝廷所了解。

# 何世无才　弃之草泽

【原文】　何世无奇才，遗之在草泽。

【译文】　什么时代没有奇才？只是往往被抛弃在草野之中。

# 官无主见　自害其身

【原文】　官无主见，妄为收揽，则亦聚无赖之徒以自害其身而已。

【译文】　当官的要是没有主见，随意搜罗一些人作为自己的下属，则只会招集到一些无赖，其结果只会是自己害自己。

# 才臣庙堂　能臣臂指

【原文】　有才臣，有能臣，世人动以能为才，非也。小事不糊涂之谓能，大事不糊涂之谓才。才臣疏节阔目，往往不可小知；能臣又近烛有余，远猷不足，可以佐承平，不可以胜大变。夫惟用才臣于庙堂，而能臣供其臂指，斯两得之乎！

【译文】　有的官员是才臣，有的官员是能臣，世上之人常常把"能"

赵孟頫《秋郊饮马图》

当作"才"，这是不对的。小事不糊涂叫做"能"，大事不糊涂叫做"才"。才臣疏忽枝节问题，往往不善于处理琐碎事务；能臣却又只清楚身边的事务，不能处置重大事变。只有让才臣担任朝廷重要职务，让能臣受他们指挥，这才是两全其美的方法。

# 任用人才　兴作事功

**【原文】**　任用人材，兴作事功，自己已有一定之见，然不可独用己意，稽于众，取诸人以为善，然后可。

**【译文】**　任用人才，办理大事，自己虽然已有主见，但不可独断专行，还要听取众人的意见，采纳合理的建议，这样才能办好事情。

# 遇士无礼　不可得贤

**【原文】**　遇士无札，不可以得贤。

**【译文】**　对待士人傲慢无礼，是不可能得到贤人的。

# 广得贤才　可建功劳

**【原文】**　因众者可以显立功，忘己者可以广得贤。

**【译文】**　依靠众人的力量可以建立显赫功劳，不过高估计自己则可以广得贤才。

# 知人之道　方法七则

**【原文】**　知人之道有七焉：一曰间之以是非而观其志；二曰穷之以辞

辩而观其变；三曰咨之以计谋而观其识；四曰告之以祸难而观其勇；五曰醉之以酒而观其性；六曰临之以利而观其廉；七曰期之以事而观其信。

**【译文】** 考察和使用一个人的方法有这样七种：一是暗中用是非来考验他，观察他的志向；二是同他深入辩论一个问题，观察他的应变能力；三是让他出谋划策，看他分析问题的能力；四是把面临的危险和困难告诉他，考察他战胜困难的勇气；五是安排酒宴，看他醉酒后所表现的性情；六是给他有利可图的条件，看他是否廉洁；七是和他约定好具体事情，看他是否守信用。

## 课勤察能　从以赏罚

**【原文】** 课勤惰，察能否，而从以赏罚，则政柄不摇，贤愚并励矣。

**【译文】** 考核官员的勤奋和懒惰，观察他们对自己的职务是否能够胜任，而后给以相应的奖赏和惩罚，那么朝廷的权力就不会动摇，不论是聪明的或愚钝的都能得到勉励了。

## 选贤贡士　据实而言

**【原文】** 选贤贡士，必考核其清素，据实而言。其有小疵，勿强衣饰，以壮虚声。

**【译文】** 选拔贤士，推荐人才，当然要考核他是否清白，但也要据实而言。他即使有些小毛病，也不要勉强去掩饰，壮他的虚名。

## 亲贤近士　国无衰理

**【原文】** 亡国非无智士也，非无贤者也，其主无由接故也。无由接之患，自以为智。

【译文】　灭亡的国家不是没有聪明之人，也不是没有贤能之士，而是由于国君无从接触和了解他们的缘故。不能接触和了解贤人所带来的祸患，就是自以为聪明。

## 治世之短　缘由无贤

【原文】　不知则与无贤同。此治世之所以短，而乱世之所以长也。

【译文】　有贤人而不了解，那就跟没有贤人一样。这就是安定的世道之所以很短，而混乱的世道之所以很长的原因啊。

## 天下贤者　岂古之人

【原文】　今天下贤者智能，岂特古之人乎？患在人主不交故也，士奚由进？

【译文】　如今天下贤明的人皆拥有智谋和才能，哪里只是古代才有贤人呢？令人忧虑的是君主不和他们交往，这样，人才怎么能够进入朝廷呢？

## 相马失马　马在相中

【原文】　有相马而失马者，然良马犹在相之中。

【译文】　经常有挑选良马却失掉良马的事，然而良马仍然是在他所挑选的这些马当中。比喻在选贤任能时很容易漏掉真正的人才。

## 普天之下　不缺贤才

【原文】　欲王则王佐至，欲霸则霸臣出，欲富国强兵，则富国强兵之人往。求无不得，唱无不和。是以知天下不乏贤也。

【译文】　想要称王，那么辅佐称王的人就来了；想要称霸，那么帮助称霸的臣子就出现了；想要富国强兵，那么能够富国强兵的人才就到了。所要求的没有得不到，所提倡的无不得到响应。由此可见天下并不缺乏贤士也。

# 千里马有　唯缺伯乐

【原文】　世有伯乐，然后有千里马。千里马常有，而伯乐不常有。

【译文】　世界上有了善于相马的伯乐，然后才能发现千里马。能奔驰千里的骏马什么时候都有，可是善于相马的伯乐却不是什么时候都有的。

# 何患无才　尺度宽些

【原文】　未必人间无好汉，谁与
宽些尺度。

【译文】　世界上不一定没有出众的人才，可有谁不苛责于人，大胆放宽些条件呢？

石涛《诗画册》之一

# 有贤不知　如同无贤

【原文】　有贤不能知，与无贤同；知而不能用，与不知同；用而不能信，与不用同。

【译文】　国家有人才而当政者不了解，这和没有人才是一样的；知道有人才而不能任用，这和不知道是一样的；对人才虽然任用了，但不能做到坚信不疑，这同有人才而不任用是一样的。

# 苟能识之　何患无人

【原文】　何世无才，患人不能识之耳。苟能识之，何患无人！

【译文】　哪个朝代没有人才？所忧虑的是人们往往不能识别他们。如果能够识到，哪里还用担心没有人才！

# 所求材者　为其治民

【原文】　凡所求材艺者，为其可以治民。若有材艺而以正直为本者，必以其材而为治也；若有材艺而以奸伪为本者，将由其官而为乱也，何治之可得乎。是故将求材艺，必先择志行。其志行善者，则举之；其志行不善者，则去之。

【译文】　选求有才能的人，是为了让他发挥才能去治理民众。如果有才能，又有正直的操行作为根本，那么他必定能用他的才能治理好一个地方；如果有才能却以奸伪的品行作为根本，那么他就会利用他的才能使一个地方动荡不安，那里还谈得上治理呢。因此，将要选求有才能的人，必须先看他们的品行。品行优良的人，就举荐他们为官；品行恶劣的人，则不予任用。

# 见贤而用　不善则废

**【原文】** 见贤而进之，不同君所欲；见不善则废之，不辟君所爱。

**【译文】** 发现贤才就任用他，不一定要与君主的想法相同，发现有人不称职就罢免他，不因为君主喜爱他而继续留用。

# 内不避亲　外不避仇

**【原文】** 内举不避亲，外举不避仇。是在焉，从而举之；非在焉。从而罚之。是以贤良遂进而奸邪并退。

**【译文】** 自己的亲人是贤才，举荐他们当官，并不因为是亲人而回避他们；自己的仇人是贤才，也举荐他们当官，并不因为是仇人而回避他们。凡做得对的人，就选拔上来；凡做错了的人，就罢黜下去。因此贤良得到任用，而奸邪遭到逐斥。

# 自今立政　勿以憸人

**【原文】** 继自今立政，其勿以憸人，其惟吉士，用劢相我国家。

**【译文】** 从今以后，推行政事时不要任用那些阴险谄佞的人，而应让那些忠诚善良的人处理政事，让他们勉力地辅佐我们国家。

# 为政之要　在于用人

**【原文】** 为政之要，惟在得人，用非其才，必难致治。今所任用，必须以德行、学识为本。

【译文】　执政处事的关键，在于得到人才，如果任用的人没有才能，那么必定难以达到使国家长治久安的目的。自今以后，凡是选拔、任用官员时，都必须用品德和学识作为衡量人才的标准。

# 能者进之　不能者退之

【原文】　能者进而由之，使无所德；不能者退而休之，亦莫敢愠。

【译文】　提拔有才能的担任官职，充分发挥他的能力，使他不必有感恩的想法；罢免没有才能的人，使他离职回家，让他也不敢有怨恨的想法。

# 君功以选　吏功以治

【原文】　君功见于选吏，吏功见于治民。

【译文】　国君的政绩表现在对于官吏的选拔上，官吏的政绩表现在对于百姓的治理上。

# 得贤者昌　失贤者亡

【原文】　无常安之国，无宜治之民，得贤者昌，失贤者亡。

【译文】　没有总是安定的国家，也没有特别容易治理的百姓，关键在于能得到贤人的帮助国家就繁荣昌盛，失去贤人的帮助国家就可能危亡。

# 治国家者　先择佐臣

【原文】　构大厦者，先择匠然后简材；治国家者，先择佐然后定民。

【译文】　要建造大厦，应当先选好工匠，然后再确定建筑材料；要治理国家，应当先选好辅佐的大臣，然后才能治理民众。

## 辅不可弱　辅弱则倾

【原文】　国之有辅，如屋之有柱。柱不可细，辅不可弱；柱细则害，辅弱则倾。

【译文】　国家需要有贤良之人来辅佐，就像房屋需要有柱子支撑一样。柱子细了不行，辅佐的人无力也不行，柱子细了难以支撑房屋，辅佐的人无力国家就会危亡。

## 唯才是举　得而用之

【原文】　二三事其佐我明扬仄陋，唯才是举，吾得而用之。

【译文】　要在实际工作中帮助我发现那些出身贫贱和被埋没的人才，只要有才能我就可以任用他们。

## 举善任之　择善从之

【原文】　举善而任之，择善而从之。

【译文】　将贤人举荐出来加以任用，选择正确的意见加以采纳。

## 选择官吏　考其实才

【原文】　必以权衡求实效，勿令蓬荜有遗才。

【译文】　选拔官吏一定要考察真才实学，不要遗落有才学的贫寒之士。

# 千金易得　一士难求

【原文】　千金易得一士难求。

【译文】　千两黄金容易得到，而一个贤能之人却不容易求得。

# 所用之人　必要称职

【原文】　必欲得人称职，不失士，不谬举。

【译文】　任用的人一定要称职，既不遗漏有才之人，又不随便乱用无能之辈。

# 必考其终　必求其当

【原文】　用人必考其终，授任必求其当。

【译文】　用人一定要考察他的政绩，授予的职位一定要与他的能力相当。

# 知贤不举　岌岌殆哉

【原文】　闻贤而不举，殆；闻善而不索，殆；见能而不使，殆。

【译文】　知道是贤人而不举荐，这是危险的；知道是好人而不录求，这是危险的；发现有能干而不任用，这是危险的。

## 推举贤良　注重功业

【原文】　举贤良，务功劳，布德惠，则贤人进。

【译文】　推举贤良之士，注重功业实绩，广泛施以德惠，贤人就得到运用。

## 所创功绩　如实则赏

【原文】　功充其言则赏，不充其言则诛。故言智能者，必有见功而后举之；言恶败者，必有见过而后废之。如此则士上通而莫之能炉，不肖者困废而莫之能举。

髡残《苍翠凌天图》

【译文】　所创功绩符合他所说的话，就给予赏赐；不符合者，就给予惩罚。所以，对所谓有智能的人，必须有可以见到的功绩而后才能任用他；对所谓有恶行败德的人，必须有可以见到的罪过而后才能罢免他。这样，贤能之士被提拔时才无妒妨嫉，不贤者困窘失败而无人能举用。

## 听取意见　审查其实

【原文】　听言而不督其实，故群臣以虚誉进其党；任官而不责其功，故愚污之吏在庭。如此则群臣相推以美名，相假以功伐，务多其佼而不为主用。

　　【译文】　听取意见不审察其真实性，因而群臣就通过不切实际的赞誉来推荐私党；任用官吏不要求他拿出成绩，因而愚人赃官就进入朝廷。这样，群臣就互相吹捧他们的"美名"，互相借助对方以夸耀功劳，致力于扩大交结而不为君主效力了。


# 知虑取舍　稽之以成

　　【原文】　知虑取舍，稽之以成；日月积久，校之以功。
　　【译文】　对官员的见解和谋略是采用还是舍弃，要以实际成效来考查；天长日久之后，用他们做出的实际功绩来考核。强调考核官员要突出实绩。


# 明主之吏　起于州郡

　　【原文】　明主之吏，宰相必起于州郡，猛将必发于卒伍。
　　【译文】　英明君主所任用的官员，宰相一定从地方州郡中起用，猛将一定从士兵中发现选拔。


# 观其容貌　听其言辞

　　【原文】　观容服，听辞言，仲尼不能以必士；试之官职，课其功伐，则庸人不疑于愚智。
　　【译文】　只看容貌服装，只听言语说话，就是孔仲尼也不一定能认别贤士；用职事官位去试验他，考核他的功绩，就是庸人也不能辨明他的愚蠢和聪明。

## 考察实际　观察行为

**【原文】**　察实者得不留声，观行者不讥辞。

**【译文】**　考察人的实际的人，不留意其名声如何；观察人的行为的人，不考虑其言辞怎样。

## 臣守其业　以致其功

**【原文】**　上操其名，以责其实，臣守其业，以效其功。言不得过其实，行不得逾其法。

**【译文】**　君主掌握群臣官职的标准，以此来考察他们的实际表现；臣子们对本职工作尽职尽责，以功绩为君主效力。他们的言论不得超过实际表现，行动不得超出法律。

## 无以益民　尸位素餐

**【原文】**　上不能匡主，下无以益民，皆尸位素餐。

**【译文】**　做为朝廷官员，对上不能辅助端正君主，对下没有做什么对人民有益的事，那就全是占有职位不做事情的饭桶。

## 以官课材　以官为验

**【原文】**　将以官课材，材以官为验。

**【译文】**　要用当官能否称职考核一个人的才能，一个人的才能大小以是否胜任官事作为证明。

# 有能之人　后居其位

**【原文】**　有能然后居其位，德加于人然后食其禄。

**【译文】**　对于官员，证明其确有才能然后才能把他安排到适合的职位；在他有了政绩对人民有德惠时才能让他享受相应的俸禄。

# 考查官员　不以声誉

**【原文】**　上量能以审官，不取人于浮誉，则此周道息。

**【译文】**　君主衡量能力以考察官员，提拔官员不依据他名不符实的声誉，这样，互相勾结、朋比为奸的风气就自然会停止。

# 官员选弃　功劳实绩

**【原文】**　用舍进退，一以功实为准，毋徒眩于声名，毋尽拘于资格，毋摇之以毁誉，毋杂之以爱憎，毋以一事概其平生，毋以一眚掩其大节。

**【译文】**　官员的选用或舍弃，晋升或罢免，一律以功劳实绩为标准，不要被他的名声所迷惑，不要总被资格所限制，不要被众人的攻击和赞扬所动摇，不要掺杂私人的爱憎，不要以一件事来说明他的全部历史，不要用一点小毛病而掩盖他的大节。

# 天下万事　不可备能

**【原文】**　天下万事，不可备能，责其备能于一人，则圣贤其犹病诸。

【译文】　天下的万事万物都不可能是全能的，要求一个人具有全能的本事，那么圣贤也就满身都是毛病了。

# 一眚不掩大德

【原文】　不以一眚掩大德。

【译文】　不因为一个人有小的过失，就抹杀他大的优点。

# 不患无才　只患无道

【原文】　不患无才，患无用之之道。

【译文】　不用担心没有人才，值得担心的是没有使用人才的好办法。

# 用人行政　相扶以治

【原文】　用人与行政，两者相扶以治，举一废一，而容必生焉。

【译文】　用人和行政两者相互依赖促进以利于国家治理。重视一个方面而荒废另一个方面，弊病就会产生。

# 正确用人　后能制之

【原文】　能用之而后能制之，不能用矣，而欲制之，必败之道也。

【译文】　能够很好地使用他，而后才能驾驭控制他；不能恰当地用人，而又想驾驭控制人家，那是必定要失败的。

## 御将者难　有才者甚

【原文】　御将难，御才将犹难

【译文】　领导和驾御将领是很困难的事，要领导和驾御有才干的将领，尤其困难。

## 知人者难　用人更难

【原文】　知人难，用人不易。致治之道，全关于此。

【译文】　真正了解人是困难的，如何使用人也很不容易。达到国家大治的途径，全在这两个方面。

石涛《淮扬洁秋图》

## 苟大意得　不拘小节

【原文】　苟大意得，不以小缺为伤。

【译文】　假如总的方面还不错，就不要把小的缺点算作毛病。

## 人不同能　不可责成

【原文】　人不同能，而任之以一事，不可责遍成。责焉无已，智者有不能给。

【译文】 人各有不同的才能，而任用他们做一样的工作，不应该要求他们全部能成功。对于提出无止境的要求，即使很聪明的人也有不能令人满足之处。

# 主管部门　选贤为先

【原文】 先有司，赦小过，举贤才。

【译文】 教导主管部门，赦免人小的过错，把贤才选拔出来。

# 尺有所短　寸有所长

【原文】 尺有所短，寸有所长；物有所不足，智有所不明。

【译文】 尺有它的短处，寸有它的长处；任何东西都有不足的地方，聪明的人也有他不能了解的事物。喻指人才各有长短，不必求全。

# 失于真士　黎丘之智

【原文】 惑于似士者而失于真士，此黎丘丈人之智也。

【译文】 那些被像是贤士的人所迷惑的人，往往错过了真正的贤士，这就和黎丘老人的思想状况一样啊。

# 揽名考质　以参其实

【原文】 揽名考质，以参其实。

【译文】 根据名声再考察其实质，从而检验其实标情况。

## 任用官吏　必以其才

**【原文】**　列官置吏，必以其能。

**【译文】**　安排任用官吏，必须根据他们的才能。意谓不能根据才能之外的其他表面上的长处而任用人。

## 任用之人　要看实际

**【原文】**　用人而因众誉焉，斯不欲为治也，将以为名也。

**【译文】**　任用人只根据众人的称赞，这不是想选贤任能治理国家，而只是想图虚名。说明用人应多方面考察，不可众人称赞谁就任用谁。

## 选用人才　多方考察

**【原文】**　非有独见之明，专任众人之誉，不以己察，不以事考，亦何由获大贤哉？

**【译文】**　选拔人才，如果自己没有独立的明智见解，专门任用众人称赞的人，自己又不去了解，并且不用具体的事实加以考核，那凭着什么能得到大贤人呢？说明选拔人才，不应只看是否得到众人的称赞，还要独具慧眼，并且多方考察。

## 择圣以德　用贤以道

**【原文】**　择圣以德，择贤以道，择智以谋，择身以力，择贪以利，择奸以隙，择愚以危。

**【译文】** 选择圣人要看德行，选择贤人要看道义，选择智人要看计谋，选择勇者要看力量，考查贪婪要看在利益面前的态度，考查奸人要看他在有机会时的表现，考查愚人要看他在危急面前的作为。

## 表现相同 则观其道

**【原文】** 事或同而观其道，道或异而观其德，或权变而观其谋，或攻取而观其勇，或货财而观其利，或捭阖而观其间隙，或恐慎而观其安危。

**【译文】** 表现相同就要看他们的思想，思想不同就要看他们的德行。或者随机应变看他们的智谋，或者用攻战的办法看他们的勇气，或者给他们财货而看他们在利益面前的态度，或者通过控制与放松来看他们在有机会时的表现，或者恐吓他们而看他们态度的安静与恐慌。

## 通达显贵 观其所举

**【原文】** 通则观其所举，穷则视其所不为，富则视其所不取。

**【译文】** 通达显贵时看他荐举什么样的人和事，穷困失意时看他不去做什么样的事情，富有时看他不索取什么东西。

## 校之以礼 安于慎重

**【原文】** 校之以礼，而观其能安敬也；与之举错迁移，而观其能应变也；与之安燕，而观其能无流慆也；接之以声色、权利、忿怒、患险，而观其能无离守也。

**【译文】** 用礼义来考核他，看他是否安于慎重；使他处于动荡变化的环境里，看他是否具备应变能力；把他放在安逸舒适的环境里，看他是否放荡淫乱；让他接触音乐、美色、权势、财利、忿怒、祸患、艰险，看他是否能坚持职守。

## 要知其人　可视其友

【原文】　不知其子视其友，不知其君视其左右。

【译文】　不了解这个人，看看他的朋友就清楚了，不了解这个君主，看看他身边的人也就明白了。意谓可以通过所结交和任用的人来考察一个人。

## 有行好善　事君日益

黄公望《九峰雪霁图》

【原文】　观事君者也，其友皆诚信有行好善，如此者，事君日益，官职日进，此所谓吉臣也。

【译文】　观察侍奉君主的臣子，如果他的朋友都很忠实可靠，品德高尚，喜欢做好事，这样的臣子，侍奉君主就会日益有所裨益，官职就会日益得到升迁，这就是所谓的吉臣。

## 何谓六戚　何谓四隐

【原文】　论人者，又必以六戚四隐。何谓六戚？父、母、兄、弟、妻、

菜根谭

子。何谓四隐？交友、故旧、邑里、门郭。

【译文】　衡量、评定人还必须用六戚四隐。什么叫六戚？即父、母、兄、弟、妻、子六种亲属。什么叫四隐？即朋友、熟人、乡邻、亲信四种亲近的人。

# 示其一物　看其好恶

【原文】　喜之以验其守，乐之以验其僻，怒之以验其节，惧之以验其特，哀之以验其人，苦之以验其志。

【译文】　使他高兴，借以检验他的节操；使他快乐，借以检验他是否有邪僻；使他发怒，借以检验他的气度；使他恐惧，借以检验他的卓异的品行；使他悲哀，借以检验他的仁爱之心；使他困苦，借以检验他的意志。

# 示以财货　见之廉洁

【原文】　贵则观其所举，富则观其所施，穷则观其民不受，贱则观其所不为，贫则观其所不取。视其更难以知其勇，动以喜乐以观其守，委以财货以论其仁，振以恐惧以知其节。

【译文】　在他尊贵时看他荐举什么人，在他富裕时看他施舍给什么人，困窘时看他不接受什么，低贱时看他不愿意做什么，贫苦时看他不索取什么。观察他在变故和苦难中的表现了解他是否勇敢，用喜庆和安乐看他操守如何，把钱财货物委托给他看他是否仁义廉洁，用吓人的事来震动他从而了解他的气节。

# 有识之人　遍知其事

**【原文】**　见者可以论未发也，而观小节可以大体矣。

**【译文】**　有见识的人可以议论尚未发生的事情，而观察人的小节就可以知道他大的方面的情况。

# 菜根生光

## 刘邦尊儒成霸业

秦始皇统一天下后，崇尚法治，罢黜儒家，博士七十人备员不用。至其晚年，甚至发生了坑杀儒生的暴行。由于秦朝的迫害，在后来的反秦斗争中，儒生表现得十分活跃，如孔子的八世孙孔鲋就怀抱礼器，参加了陈胜吴广领导的农民起义。陈胜牺牲后，作为反秦义军领袖之一的刘邦，在实际斗争中从轻视儒生转变为重用儒生。郦食其就是他当时接触和任用的第一位儒生。

郦食其是秦末陈留高阳（今河南杞县）人。他喜欢读书，因为家贫落魄，无以为生，只好当个里监门，借此糊口。刘邦起兵反秦后，行军路过陈留地界，部下有骑士某人正好与郦食其同里，郦食其就想通过他投奔刘邦。骑士告诉郦食其，沛公刘邦不喜欢儒生，客人戴着儒生的帽子来，沛公常常解下他的帽子在里面撒尿。与人说话时，也时常大骂儒生，如果求见沛公，千万不能说是儒生。

郦食其应召谒见沛公时，沛公正踞坐床边让两个女子给他洗脚，见了食其也不欠身示礼。郦食其也长揖不拜，迳直问刘邦，足下是想帮助秦朝来镇压各路义军呢，还是想率义军推翻秦朝。刘邦一听，大骂郦食其是竖儒。他说，天下百姓都苦于秦朝的暴政，所以投奔义军想推翻秦朝，怎么会助秦呢！郦食其就严肃地对刘邦说，如果真想聚义兵诛暴秦，就不应该对长者这样无礼。刘邦一听，赶紧洗完脚，穿好衣服，请食其上坐，表示歉意，并且诚恳地向他请教亡秦的计策。食其认为刘邦率领的不过是一群乌合之众，以此对抗强秦，无疑是探虎口。陈留是天下的交通要冲，城中又屯积有充足的粮饷。于是请求去说服陈留令投降。陈留果然不战而降。刘邦就封郦食其为广野君。

汉三年（前204年）秋，楚汉战争处于相持阶段，汉王刘邦经常被围困于荥阳、成皋，形势十分不利，刘邦就想放弃成皋以东，郦食其认为刘邦的想法不妥。他说，知天之天者，王事可成；不知天之天者，王事就不可成。王者以民为天，而民以食为天。敖仓转输天下粮食，有充足的粮食储备。他建议刘邦迅速进兵攻取荥阳，占有敖仓的粮储；并且主动请求出使齐国，劝说齐王助汉破楚。刘邦采纳这一建议，郦食其"冯轼下齐七十余城。"

刘邦原来鄙薄儒生，轻视知识。但是，他所任用的第一位儒生郦食其，却凭他的见识和智慧在推翻秦王朝的斗争和楚汉战争中作出了重要贡献。生活的逻辑和实际斗争的需要改变了刘邦对儒生的偏见，使他真正认识到知识和人才的重要性，转而注意罗致和任用知识分子。

汉二年，汉王刘邦兵败彭城，楚汉战争发生重大变化，形势对刘邦十分不利。张良劝刘邦争取九江王英布和彭越，重用韩信，以牵制项羽的攻势。正当刘邦为出使九江王的使者人选发愁时，在他身边的谒者随何却主动请求承担使命。刘邦当即派二十人随同随何出使九江。随何果然不辱使命，很顺利地说服英布归汉，从此，汉王刘邦终于在荥阳、成皋一线站稳了脚跟。刘邦战胜项羽后，有些得意忘形。一次，他在酒宴上当众侮辱随何是腐儒，并说："为天下安用腐儒哉！"随何很不服气，于是君臣之间就有这样一段对话：

随何跪曰："夫陛下引兵攻彭城，楚王未去齐也，陛下发步卒五万人，骑五千，能以取淮南乎？"

曰："不能。"

随何曰："陛下使何与二十人使淮南，如陛下之意，是何之功贤于步卒数万，骑五千也。然陛下谓何腐儒，'为天下安用腐儒'，何也？"

一位"腐儒"的智慧和口辩居然超过了数万大军的功劳。随何义正辞严的责问，使汉高祖不得不为之折服。于是，他论功行赏，以随何为护军中尉。

活跃在秦汉之际历史舞台上的儒生，自然不止是郦食其和随何两人，像陆贾、叔孙通和刘敬等人，在协助刘邦夺取天下和巩固天下方面都作出了重要贡献。从这里可以看出，刘邦对知识分子作用的认识和政策的转变，正是他能取得成功的重要因素。唐人章碣作过一首诗："竹帛烟消帝业虚，关河空锁祖龙居，坑灰未冷出东乱，刘项原来不读书。"焚书坑儒的暴政加速了秦王朝的灭亡；不读书的刘邦和项羽固然能举起反秦的义旗，然而是否重视人才、重用知识分子却成为楚汉成败的分界。

# 汉武帝知人善任

汉武帝执政时期，为了对付匈奴，采取了联合月氏国和乌孙国的外交政策，并出兵西域，削弱匈奴对西域的控制。乌孙国看到汉朝强大，主动结好，遗使献马，请求要汉朝的公主为乌孙王后。汉武帝先把江都王刘建的女儿细君嫁出。细君死后，又以楚王刘戊的孙女解忧公主嫁给乌孙王。

冯嫽原是解忧公主的随身丫环。她聪明漂亮，精通历史，能写文章，办事练达。冯嫽跟随解忧公主来到乌孙国，很快就熟悉了西域各国的风土人情。解忧公主对她很信任，常常派她持汉节代表自己出使西域各国，把公主从汉朝带来的礼品赠送给他们。冯嫽先后到过西域的许多国家，以其特有的风度受到欢迎，各国都很尊敬信服她，称她为冯嫽人。后来冯嫽嫁给了乌孙国右大将。右大将和乌孙王翁归靡的另外一个儿子乌就屠是好友，他们经常交往，冯嫽和他也越来越熟。翁归靡死后，由他的侄儿泥靡当上乌孙国王，乌就屠就带领部分军队到北山驻扎。后来乌孙国发生了内乱，乌就屠乘机杀了泥靡，自己当上了乌孙国王。乌就屠因为不是解忧公主生的，他争夺王位又没有得到汉朝的承认，所以汉皇帝派破羌将军辛武贤带领一万五千名骑兵到敦煌，准备讨伐乌就屠。

当时，汉朝的西域都护郑吉，怕辛武贤带领着大军远道赶来，不服水土，不能够战胜乌就屠的军队，决定派人去劝降。他想到冯嫽不但精明能干，而且和乌就屠还有交情，就请她前去劝说乌就屠。冯嫽见到乌就屠，诚恳地对他说："汉朝已经派兵征讨，你有能力和汉朝分庭抗礼吗？我劝你不如归顺汉朝，免得被消灭掉。"乌就屠说："我怎么敢和汉朝为敌呢？如果汉朝皇帝给我一个小的封号，我就满足了。"

汉宣帝调回冯嫽人，亲自询问出使乌孙的情况。冯嫽就将乌就屠"愿得小号"的请求奏上。宣帝同意了这一请求，并派冯嫽为正使，另派两个大臣为副使，前往乌孙下达诏书。冯嫽辞别皇帝，乘车持节，带领出使的车队，浩浩荡荡地来到了西域，诏乌就屠到赤谷城受封。从而，圆满解决了乌孙国的问题。辛武贤带领的大军听到这个消息后，还没出塞就班师回朝了。从此，女使臣冯嫽也名声大扬。

解忧公主晚年后，从乌孙回国。她死后，冯嫽得知时任大昆弥之职的解忧公主的孙子星靡懦弱怕事，又为乌孙国的安定而担忧。她上书给皇帝，请求代表汉朝出使到乌孙国，为星靡撑腰树威。于是，汉宣帝再次拜冯嫽为使臣，还派遣了一千多名骑兵护送。冯嫽第二次出使，对稳定乌孙国的局面起了重要作用。

冯嫽以一为人役使的女子，两度受命为使，负王命出使异邦，这在历史上实不多见。她不辱使命，可见其不让须眉之才能；而汉宣帝敢于将重任相托，也可谓不拘二格，独具慧眼，识得这女中豪杰。

河北宁河年画《九九消寒图》

# 刘秀不疑用董宣

东汉洛阳令董宣以不畏豪强、不惧权贵、奉公守法而著称，而汉光武帝刘秀作为一个开国皇帝，也很是赞赏这种品格。

董宣任北海相时，请当地很有势力的豪强公孙丹当了郡中的武官。可公孙丹更加肆无忌惮，横行霸道。他准备建造自己新的住所时，请来的算卦先生说"当有死者"，破土动工前，他竟然让儿子把一个过路的行人杀了，把尸体埋在房基地下，以求逢凶化吉。董宣知道此事后，立即派人捉拿公孙丹父子，斩首示众。公孙丹的亲信三十多人不服，拿着兵器向董宣示威。董宣查明这一伙人的罪行，将其逮捕入狱，后来，又顺从民意，把他们全部斩首，以平民愤。这样一来，惹怒了他的上司青州太守，于是一纸奏书上去，将董宣等九人关进监狱，叛处死刑。就在刑场上轮到董宣受刑时，光武帝的特使火速赶到，宣读圣旨，命令把董宣等人送回监狱。接着光武帝又派人了解事情原委，当他得知真情后，确认董宣没有错，下诏书赦免董宣，并派他为宣怀令。

当时，令光武帝很恼火的一件事是：住在京城洛阳的皇亲国戚，专横跋扈，连奴仆们也倚仗主子的权势胡作非为，地方官都不敢管。为了改变这种状况，光武帝特征董宣为洛阳令，来约束皇亲权贵们的不法行为。

董宣到任不久，遇到光武帝的姐姐湖阳公主的一个奴仆在外边杀了人。董宣想：要是湖阳公主的奴仆杀了人就不办罪的话，那怎么能治理好京师呢？但他又没法到湖阳公主那里去捕人。于是，他就天天在外等着。有一天，湖阳公主坐着马车出来，跟随她的正是那个奴仆。董宣立即叫衙役上去逮捕。湖阳公主竖起眉毛沉下脸来，阴森森地说："大胆的洛阳令，你有几个脑袋，竟敢拦我的车子！"董宣毫不畏惧，拔出宝剑来往地下一划，当面责备公主不该放纵奴仆杀人，并叫衙役把那个奴仆拖下来，立即把他杀了。这一下，把湖阳公主气坏了。她马上赶到宫里，向光武帝哭哭啼啼诉说董宣怎样欺侮她。光武帝听了，也怪董宣不该冲撞公主。他召董宣进宫，吩咐当着公主的面用鞭子打董宣。董宣沉着地说："用不着打，让我说完话，我情愿死！"光武帝怒气冲冲地说："你还有什么话说？"董宣昂首挺胸，说："皇上是中兴之主，一向注重法行，现在您让公主放纵奴仆杀人，还能够治理天下吗？您用不着打，我自杀就是了。"说完，就往柱子上撞。光武帝赶紧叫人把董宣拦住，吩咐董宣向公主磕个头认个错就是了。可董宣就是不肯。内侍把他的头按到地下去，董宣两只手使劲地撑住地，挺着脖子，就是不低头认错。机灵的内侍明白皇帝也不会真的把董宣治罪，也为了给公主留个面子，就大声回话说："回皇上的话，董宣的脖子太硬，按不下去！"光武帝点点头，就让董宣走了。董宣出宫以后，湖阳公主不满地对光武帝说："你当平民的时候，也暗藏过逃亡和犯罪的人，反倒对付不了一个小小的洛阳令了吗？"光武帝笑道："就因为我做了天子，不能再像做平民的时候那样干了。"并劝说姐姐回去了。

为了嘉奖和支持董宣的执法严明，光武帝赏赐给董宣钱三十万。董宣自己分文来受，把这三十万赏钱都分给了手下的官吏。董宣得到光武帝的支持，大胆地打击京城不法的豪强，威名大振，被人们称为"强颈令"。

董宣居官清廉，一向把皇上的赏赐分给手下的人，直到七十四岁死在官任上。光武帝派使者去吊唁，看到董宣的尸体用布被裹着，家中只有一辆破车，几斗大麦。他得知这一情况后，感慨地说："董宣这样廉洁，到死我才知道！"于是，以大夫的规格安葬了他。

## 曹操求贤以才举

东汉时期，最初选拔官吏的主要标准是德行与才干，由州、郡以茂才、孝廉的名义向朝廷推荐官吏候选人，由朝廷考核后予以任用。但到东汉后期，朝政腐败，贿赂风行，而士大夫中又崇尚虚名，讲究门第，使得有意仕进者不是依靠行贿钻营，就是想法沽名钓誉，以致推荐上来的人大多没有真才实学，而且并无德行。因此，当时人流传说："举秀才，不知书；察孝廉，父别居；寒素清白浊如泥，高第良将怯如鸡。"这种现象一直到汉献帝建安（公元196年—公元220年）初曹操当政后才开始得以改变。

曹操（公元155年—公元220年）字孟德，沛国谯县（今安徽亳县）人。他祖父曹腾是汉末著名的宦官首领之一，权倾一时。父亲曹嵩是曹腾的养子，曾任司隶校尉、大司农、大鸿胪、太尉等要职。由于曹操出身宦官之家，尽管父亲身居高位，本人也才智过人，但在社会上仍受到许多人的鄙视。他从自身经历及当时的社会政治情况中认识到东汉选举制度的弊端，为在争夺天下的斗争中能将有用之才都招揽到自己周围，他对东汉选拔官吏的标准进行改革，曾连续下达三道求贤令，对社会传统观念进行强烈冲击。

汉献帝建安十五年（公元210年）春，曹操下达第一道《求贤令》：

自古受命及中兴之君，曷尝不得贤人君子与之共治天下者乎！及其得贤也，曾不出闾巷，岂幸相遇哉？上之人求取之耳。今天下尚未定，此特求贤之急时也。"孟公绰为赵、魏老则优，不可以为腾、薛大夫。"若必廉士而后可用，则齐桓其何以霸世！今天下得无有被褐怀玉而钓于渭滨者乎？又得无盗嫂受金而未遇无知者乎？二三子耳佐我明扬仄陋，唯才是举，吾得而用之。

曹操在这道命令中明确提出了"唯才是举"的口号，不仅为了改变东汉后期选举制度的弊病，而且是为矫正自己政权中前一阶段在选拔官员标准上的偏差。曹操在统掌朝政大权后，委任崔琰、毛玠主持官吏的选拔与任用，崔琰与毛玠以清廉正直著称，"其所举用，皆清正之士，虽于时有盛名而行不由本者，终莫得进。务以俭率人，由是天下之人莫不以廉节自励"。朝廷之中，廉俭之风大行，贪秽浮华之人都被贬退。但他们过于看重廉洁俭朴，从而使许多官员矫情作伪，假意旧衣破车，以求升迁。同时，用这单一标准来进行选拔，就会将一些确有才干的人排除在外。因此，当有人向曹操提出这一问题后，曹操就下达这道命令，特别指出"今天下尚未定，此特求贤之急时也"。并以齐桓公任用管仲而成为春秋时期五霸之首的事例说明选拔官吏的首要条件是才干，只要确有才干，无论他是地位低下还是有某一方面的缺陷，都要推荐上来。

建安十九年，刘备人据益州，三国鼎立的局势已基本形成，曹操并未因自己占据中原，在政治、经济上都有明显优势而稍有松懈，仍以召揽贤才作为首要任务，在这年的十二月下达《敕有司取士勿废偏短令》：

夫有行之人，未必能进取，进取之人，未必夫有行也。陈平岂笃行，苏秦岂守信邪？而陈平定汉家业，苏秦济弱燕。由此言之，士有偏短，庸可废乎！有司明思此义，则士无遗滞，官无废业矣。

曹操在这道命令中明确指出德行与才干并不是统一的，而且再次提到上次《求贤令》中已谈到的"盗嫂受金"的陈平，认为陈平虽然品行不正，但他辅佐刘邦建立汉朝的基业，功不可没。因此，曹操命令有关部门不能求全责备，不要埋没那些有缺点的贤才。在看到曹操求贤是扩大自己统治力量的同时，也应看到这是他削弱并控制反对力量的方法，将那些有才干的人用官爵羁縻在朝廷中，就可减少反对自己的隐患。这比单纯用打击的方法来消灭敌对势力，显然要高出一筹。

建安二十二年，曹操已是六十三岁，在前一年已被进爵为魏王，这年四月，献帝又命曹操"设天子旌旗，出入称警跸"。但他仍壮心不已，志在统一天下，连年出师征讨，同时，也更迫切地需求贤才，于这年八月，下达《举贤勿拘品行令》：

昔伊挚、傅说出于贱人，管仲、桓公贼也，皆用之以兴。萧何、曹参，县吏也，韩信、陈平负污辱之名，有见笑之耻，卒能成就王业，声著千载。吴起贪将，杀妻自信，散金求官，母死不归，然在魏，秦人不敢东向，在楚，则三晋不敢南谋。今天下得无有至德之人放在民间？及果勇不顾，临敌力战；若文欲之吏，高才异质，或堪为将守；负污辱之名，见笑之行，或不仁不孝，而有治国用兵之术；其各举所知，勿有所遗。

曹操在这道命令中再次重申自己"唯才是举"的方针，并指出无论是伊挚、傅说那样出身贫贱之人，管仲那样的旧敌，萧何、曹参那样的小吏，韩信、陈平那样身遭污辱并受人耻笑的人，甚至像吴起那样不仁不孝的人，只要有治国用兵的才干，就要加以任用。充分表现出他的雍容大度以及不拘一格，求贤若渴的心情，同时，也反映出他与东汉时期用人传统的完全决裂。

曹操不仅用命令形式提出"唯才是举"的方针，实践中也确实贯彻了这一方针。他不仅任用荀□、荀攸、钟繇、陈群、司马懿、何夔而等大族名士，也同样信任有"负俗之讥"的戏志才、郭嘉，简傲少文的杜畿等人。而且曹操能以大业为重，不念旧恶，如张绣在归降后又起兵突袭，杀死曹操的长子曹昂、侄子曹安民以及爱将典韦，但以后张绣来降时，曹操捐弃前嫌，对他的宠遇优于诸将。陈琳曾为袁绍撰写檄文，痛斥曹操的罪行，并辱及曹操的父亲和祖父，可陈琳归降后，曹操爱惜他的文才，不仅未加惩处，还委派他掌管文书往来。史称曹操"知人善察，难眩以伪，拔于禁、乐进于行阵之间，取张辽、徐晃于亡虏之内，皆佐命立功，死为名将；其余拔出细微，登为牧守者，不可胜数。"所以，曹操身边猛将如云，谋臣如雨，在当时各割据政权中，得贤士最多。正是在这些谋臣、猛将的辅佐下，曹操才能扫平群雄，统一北方，从而奠定了曹魏政权的基础。

# 孙策用人贵信任

三国时的孙策，十几岁统帅千军万马，横扫江东，为建立吴国奠定了基础。谈到他的用人艺术，信任二字，不能不是个显著特点。重用昔日的交战的敌手太史慈，就是一个很好的例证。

太史慈身高七尺七寸，有一身好武功，"长臂善射，弦不虚发"，年方二十，就以智挫州吏而闻名，以后又冒着生命危险营救孔融，更是声名大振。他的同乡、扬州刺史刘繇，比孙策抢先一步占据江东。他本想借这种关系，追随刘繇干一番事业。可刘繇却不肯重用他，还对别人说，我要是重用太史慈，不是会惹得天下人笑话吗？正在这个时候，孙策率领大军杀到江东，直奔刘繇而来。刘繇派太史慈去孙策那边侦察情况。太史慈一见孙策，便把不得志的满腔郁愤发泄到孙策身上，跳上马挺起枪直奔孙策而来。孙策于交战中虚晃一枪，假装是刺马，顺手抓住了太史慈手中紧握的戟，太史慈也不甘示弱，一把抓下了孙策头戴的帽盔。两个年轻的英雄相搏，真可谓棋逢对手，杀了几个回合，难以决出胜负，各自只好罢兵。这以后，太史慈就跟着刘繇逃到了芜湖。时间不长，在两军交战中被孙策的部队俘虏。人们以为，这次孙策杀太史慈的机会来了。可却出人意料，孙策一见太史慈，好像是故友一般，马上给他松了绑，握着他的手说："还记得咱俩在神亭打仗的那回事吧？假如那次我被你捉住，你又该怎么办呢？"太史慈又气又羞，冰冷冷地回答："这件事我不好估计。"孙策听后，竟大声笑起来，他说："今天的事就算没事了。咱们共同干怎么样？"当即下令将太史慈的兵马全部归还，并且拜他为中郎将。

这一战刘繇被孙策杀得惨败，幸存的一万多兵马逃到各地。孙策此时也正需要扩充自己的力量，他果断决定，派太史慈去招纳刘繇原来的部下。对此，身边的许多人都提醒孙策说，这个决定未免太冒风险了，如果太史慈去了不回来怎么办？孙策自信地说："太史慈决不是那种人，大家尽管放心。"他亲自为太史慈设宴送行，紧紧握住他的手说："什么时候能完成任务？"太史慈回答：两个月之内。对于他的回答，大多数人都半信半疑，只有孙策确信不疑。结果过了五十多天，太史慈果然率着招回来的旧部回到了孙策军中。

孙策得到了太史慈这一位战将，曹操也十分服气，他费尽心机想将其拉走，结果未能成功。孙策死后，太史慈又跟孙权征战南北，忠心耿耿，直到临死的时候，还深情满怀地表示：孙策、孙权兄弟俩，对我恩重如山，而我报答得却很不够。表达了他的一片感恩之情。

孙氏兄弟继承父业，年少有为，终于霸踞江东，这与善于用人是分不开的。而信任，是孙策也包括弟弟孙权用人，成功的秘诀之一。

## 李世民为政唯人

唐太宗李世民曾经总结自己成功的经验说："自古帝王都怕别人比自己强，而我看到别人的长处就像是自己的一样；人的才能不能兼备，我常弃其所短，取其所长；当君王的常常对贤有思占为已有，对不肖者欲置之沟壑，而我则对贤者敬重，对不肖者关心，使他们各得其所；当君王的多不喜欢正直的人，甚至对他们暗诛明杀，而我

闵贞《太白醉酒图》

则重用大批正直之士，没有责罚过他们；自古都以中华为贵，以夷狄为贱，而我则同样看待他们。这五项，是我取得成功的原因。"

唐太宗成功的要诀，归结起来，就是一个识人、用人的问题。较之历代帝王，他在识人用人上，确有自己的特点。

太宗认为"为政之道，唯在得人。"他经常和大臣讨论用人问题。他任人唯贤，特别注意发现和提升正直而有才能的人。一次，他令文武大臣写书面材料评论朝政。中郎将常何送上的书面材料提了十二条建议，太宗看了非常满意。常何说，"这是我的客人马周代写的。"太宗立即召见马周，和他交谈，认为他有才能，又敢于直言，就提拔他到朝中任职。太宗听说景州录事参军张玄素有才，就亲自召见，问以治国之道，玄素对答如流，有见地，太

宗就提任他当侍御史。

太宗善于用人之所长。魏征熟知历史之兴衰，能犯颜力谏，被任为谏议大夫。皇甫德忠贞正直，任用为监察御史。房玄龄、杜如晦等善于应物和谋断，任用为宰相。有一次需要挑选一位刑部侍郎（刑部的副长官），叫宰相提出人选，多不合意。太宗想到李道裕能坚持按刑律办事，曾坚决反对朝廷的错误判决，担任此职最为合适，最后决定提拔李道裕当刑部侍郎。

太宗用人，不计私人恩怨。魏征和王圭、薛万彻等，原是李建成的得力部属，魏征曾充当李建成的谋士，参予反对李世民的斗争。但玄武门事件李建成被杀之后，太宗对他们都给以重用。长孙无忌曾向李世民提到此事。太宗说："过去他们是尽心做自己的事，所以我要用他们。"太宗的叔父淮安王神通认为给自己的官位比不过长孙无忌等人而不服气。太宗说："叔父是国之至亲，但我不能因私恩而滥加封赏。"

太宗在用人上能打破地区和派系观念。有人建议说："秦王府的兵，追随皇上多年，应该提升武职，作为自己的亲信。"太宗说："我以天下为家，唯贤是用，难道除了旧兵之外，就没有可信任的吗？"太宗对于少数民族的人，也委以要职。如史大奈、阿史那社尔、执失思力等都当了将军。

太宗不仅重视朝廷官员的选用，也很重视地方官员都督、县令的选拔、考核。他说"县令尤其是直接亲民的官员，不可不加选择。"他把各地都督、刺史的姓名写在屏风上，并记下他们的善、恶事迹，以便提升和贬谪。还派出官员到各地巡查，对政绩好的予以升迁，对贪污失职的给予惩罚。

# 汉武帝用人有术

汉武帝亲政以后，为了巩固自己的统治地位，抵御外敌的侵略，特别重视提拔使用出身微贱的杰出人才。他发布了一道求贤令，其中这样写道：

"建立非常的功业，必须依靠具有非常才能的人杰。不管出身贵贱，只要有特殊的才能，都可以成为将相或出国的使臣。"

事实上，在汉武帝的文臣武将当中，确实有一些出身卑微的人。其中官居高位的大将军卫青就是典型的一例。

卫青的母亲名叫卫媪，是平阳侯的奴婢，他的父亲是平阳县吏郑季。在郑季被调到平阳侯府任职期间，卫媪和郑季暗中相好，怀上了一个孩子，这个孩子就是后来的卫青。

卫青出生后，随父亲一起生活。那种时候男人可以有三妻四妾，但妾所生的孩子，要比明媒正娶的夫人所生的孩子地位低得多。卫青算不上是妾所生的孩子，而是一个不该出世的私生子，所以地位就更为低下了，在父亲家里，他常常遭到嫡出兄弟的歧视。不仅如此，大夫人还常将她对"那个婊子"的仇恨发泄到这个可怜的孩子身上，所以，小时候的卫青经常混在一群放牛娃之中。这种遭遇，培养了卫青坚韧顽强的性格，而风雨无常的大自然，又赋予了卫青强健的体魄。卑微的出身，并没有困住卫青日益增长的灵气，他不仅聪明，而且长得一表人才，这些成了他日后成功的资本。由于卫青的妈妈仍在平阳侯府做奴，所以卫青每隔几天就要偷偷地跑到妈妈那儿去玩，因此，他和平阳公主相识了。这位平阳公主生性豁达，喜好户外运动，尤其是对骑马游猎最感兴趣。平阳公主要找一个贴身家仆侍奉自己出去"撒野"，选中了卫青。于是，卫青开始与马和箭这两样东西结下了不解之缘。在平阳公主的教导下，他的骑术和箭术不久就无人可比了。

一次偶然的机会，汉武帝发现平阳侯的这位家奴是个难得的人才，既富有韬略又精通骑射，断定日后定能派上用场，便封了他一个小官。当后来汉武帝决定反击匈奴的袭扰时，又将卫青提升为车骑将军。

汉武帝将一个出身卑贱、身为奴仆的人一下子提为将军，的确富有慧眼和气魄。他为非常时期的破大格、用大才树立了一个典范。

当时，北方的匈奴军队对汉王朝的威胁日益严重。这可谓是时势造英雄。国家危难，需要一个能够战胜匈奴的人才，而卫青正是这样的人才。但汉武帝若是囿于陈规陋习，不懂得危局中的用人之道，以卫青是"黄口孺子、私生子、身分卑贱"为由而弃之不用，那不是既便有成千上万个"卫青"也消除不了国家的危难？

公元前129年冬，匈奴军由河北怀来县东南再次进犯。汉武帝以卫青为车骑将军，令其和公孙贺、公孙敖、李广各率万余骑，分四路北上抗击。交战结果，公孙敖折兵7千余人，李广被俘后只身逃脱，公孙贺也毫无建树，仅卫青一路，直捣匈奴祭天的上谷，俘获匈奴700余人而归。这次作战，更使汉武帝看清了卫青的才能，他提拔卫青为大将军，破格封其为关内侯，这时，卫青才20多岁。封侯之后，卫青又红运高照——原主人平阳公主做了他的妻子（平阳侯死后守寡）。

此后十余年，卫青先后多次领兵与匈奴军队作战，直至痛歼匈奴军主力，使其远逃漠北，再也不敢南犯。

# 纣用小人成罪人

纣迷恋女色，惟"妲己之言是从。"在用人上，妲己是很大的决定权，"妲己之所誉，贵之；妲己之所憎，诛之"（刘向《列女传》）。妲己是一个品质不良的女人，纣所干的一些坏的事，她也有份。像纣的叔父比干劝纣改过从善，修先王法典，纣大为生气。妲己就说，我听说圣人的心有七个孔，比干被称作当今圣人，把他的心剖开来看看。纣于是下令杀比干，并剖腹挖了心，这就是"剖比干"。剖比干以观其心，今日看来是有些荒唐而又极其残忍的。但是残忍的刑罚，是奴隶制社会的特点。将人剖开致死，是商代刑罚之一种。不过比干以王子、纣的叔父而被"剖"，在社会上就引起极大的震动。而比干的受剖刑，又是妲己的主意，就更使人愤怒了。

纣爱听谀词，由是他的身边聚集了这样的一批人。其中有一个是费仲，此人的长处是"善谀好利"，善于拍马屁又贪财。纣王很喜欢费仲，任命他主持国政，即是宰相之职，权力很大。另一个是恶来，这个人是一位大力士，他的特长是"善谗"，善于无中生有，诬陷好人。此人是后来秦人的祖先，他专门挑拨诸侯与商王室的关系，结果是"诸侯以此益疏"纣。还有一位是崇侯虎，是崇国的首领。其国在今陕西省西安市附近，与周人是近邻。此人常不在朝廷内供职，是纣安放在西边监视周人的。前面说的纣杀九侯、鄂侯时，周文王表示了对被杀者的同情，就是他报告给纣工的。致使周文王被纣囚禁达七年之久（《左传·襄公三十一年》）。

纣还收罗各地作恶多端的逃亡者加以任用。纣对这些人推崇尊敬，引以为心腹，有的竟至被任命为卿、大夫这样的高级官爵，（《尚书·牧誓》）这些人就是纣政权的基础。他们专事迎合纣的欢心，对人民为非作歹，横行乡里，对正直的大臣，则加以种种的罪名迫害打击。

纣颠倒黑白，无故诛杀大臣贤良，如前面所说过的剖比干，杀九侯、鄂侯，囚禁周文王等。纣时有位大臣叫商容，在朝中为官正直清廉，"百姓爱之", 纣却不喜欢他, 将其罢官。纣的异母兄微子启, 多次劝谏纣不听, 惧祸临头, 逃出国都隐藏了起来。纣还有一位叔父叫箕子, 在纣朝任职, 由于是同宗本家, 他也是多次劝纣改过从善, 纣不听。他看到纣朝中的官已作不下去了, 于是就装疯, 却被囚禁起来, 当作奴隶使用。

纣为了对付政敌, 刑法特别残酷。最残酷的一种称作"炮烙之刑"。此刑是在铜柱上涂上油膏, 放置于炭火坑上。让那些触犯纣刑的人赤脚从铜柱上走过。铜柱又滑又烫, 受刑者脚被烧烂了, 掉下火坑活活被烧死(《吕氏春秋·过理》)。

纣王用酷刑诛杀贤良大臣, 国中上下恐怖, 为避杀身之祸, 只有缄口不言。不少人为避祸, 采取了逃走的方式, 像纣的太师少师就携着祭器和乐器投奔了周人那里去了。太师少师是掌管教化的, 也负责国中的音乐。古时祭祀皆有乐曲伴奏, 所以太师掌祭器的乐事。在那时也应算是有文化的知识分子了。他们带着祭器、乐器投奔到周人, 也就把商人的文化带到了周人那里。

纣王本是一位"资辩捷疾、闻见甚敏"的极聪明人物, 要论"智商", 一定很高。但其行事, 却十分乖谬, 为常理所不可解, 特别是晚年, 行事更显得糊涂。周武王在牧野战前, 对纣用了两个"昏"字, 他说"昏弃厥肆祀弗答, 昏弃厥遗王父母亲不迪", 意思是说, 纣抛弃祭祀, 不报答神灵的恩惠, 抛弃本家的叔父、同母所生的兄弟而不任用。本应祭祀、本应任用骨肉之亲, 但纣皆不这样做, 为什么? 周武王说纣是"昏"了头脑。所以周人把纣干脆就称作"昏"。陕西临潼出土的一件周初铜器铭文中说"武王征商、惟甲子朝, 岁, 贞, 克昏", 这铭文中"克昏"的"昏"就是指的纣王, 实即是"克纣"。

# 赵括谈兵终误国

赵括是战国时期赵国名将赵奢的儿子。赵奢智勇双全, 曾于公元前270年, 在阏与(今河北武安县西)大破秦军, 被赵惠文王封为马服君。赵括在他父亲的影响下, 从小熟读兵书, 善谈兵法, 连他父亲也驳不倒他, 于是便自以为天下无敌。而赵奢却不认为他是个将才。赵括的母亲询问缘故, 赵奢说："战争要致人于死地，而括儿却那么轻易地谈论战争。假使赵国不用括儿为大将则罢了；如果一定用他为大将，破赵军的一定是括儿自己。"

公元前 262 年，秦国攻拔韩国的野王（今河南沁阳），将韩国的上党郡与本土隔绝，韩国无奈，请赵国发兵取上党十七县，以与秦军对抗。时赵奢已死，赵孝成王派大将廉颇驻守长平（今山西高平西北），抗拒秦军。廉颇采取筑壁垒坚守的战术，使强大的秦军无懈可击，结果两军相持三年，不分胜负。

赵孝成王昏聩无知，竟责备廉颇怯敌不敢出战。秦国乘机派人携带千金到赵国施反间计，散布说："秦国唯独害怕让马服君的儿子赵括担任大将了。廉颇很容易对付，快要投降了！"赵孝成王果然中计，并不听宰相蔺相如的劝谏，让赵括代替廉颇，担任赵军大将，前往长平。

赵括的母亲闻讯后，急忙上书，说不可任用赵括。赵王问为什么，赵母回答说："赵括的父亲作将军时，很得军心，大王及宗室赏赐给他的东西，都拿来分给部下军吏士大夫；从接受命令之日起，就不再过问家事。而今赵括一旦为将，就趾高气扬，军吏无人敢仰视他；大王赏赐给他的金帛，都归藏于家，并每天看有无便宜的田宅而去购买。大王认为他像父亲，其实他们父子的心思是不同的，希望大王不要派他去！"赵王说："你不要说了，我已经决定了。"赵母见无可挽回，又说："既然如此，将来赵括若不有称职的地方，我请求不要让我随他一起坐罪！"赵王答应了她。

赵括一到长平，就完全改变了廉颇原来的安排，调换了将官，大举出兵攻击秦军。而秦王见赵王中计，就秘密就能征善战的白起为上将军，让原来的大将王龁为副将。白起设计将赵括引到秦军壁垒前，又派奇兵断绝赵军的退路，从而将赵括的四十万大军围困住。赵军在绝粮四十六天后彻底崩溃，赵括突围不成，被秦军射死。赵军失去主将，军心更乱，全部投降。白起怕赵军造反，只放回了二百四十名年幼的战俘，其余全部活埋。

长平一战，断送了赵国四十多万精锐大军，使赵国元气大伤，从此一蹶不振。这件事情，就成为"纸上谈兵"这个典故的由来。从此，人们就把那些空谈理论，不重实践的恶劣风气斥为"纸上谈兵"。

# 燕惠王疑而易将

乐毅，战国时燕将，中山国灵寿（今河北平山东北）人，乐羊的后代。他贤能有才，喜好兵武，赵国人推举他。后来赵国兵乱，他就离开赵去了魏国。这时乐毅在魏国听说燕被齐打败之后，未敢一日而忘，正积极准备向齐报仇，以礼让郭隗而召揽天下贤士。正在此时，乐毅为魏昭王出使到燕国，燕国以宾客之礼款待他，乐毅推辞不过，就委身为臣，燕昭王以他为亚卿，做了很久。

而此时，齐湣王国富民强，四面出击，攻打楚、三晋、秦，与秦昭王争夺皇帝之名号，诸侯都想背弃秦而心服齐。齐湣王骄矜自恃，百姓不堪其扰。于是燕昭王向乐毅询问讨伐齐国之事。乐毅对答说："齐国仍留存霸国的余威，地广人多，轻易不能单独去攻打它。大王一定要讨伐的话，不如与赵及楚、魏共伐之。"于是，燕王派乐毅去邀约赵惠文王，其他的使臣联合楚、魏，令赵向秦利诱伐齐的益处，诸侯都厌恶齐湣王的骄暴，都争着与燕合纵讨伐齐国。乐毅回来报告后，燕昭王全部起兵，任乐毅为上将军，赵惠文王也把相国印授给乐毅。乐毅统领赵、楚、韩、魏、燕各国的军队讨伐齐国，在济西攻破了齐。诸侯都罢兵回国，只剩下燕国军队，乐毅独自追敌，到了临淄，齐湣王逃走，死守莒。乐毅率部单独留下，齐国军队都死守城池，乐毅攻入临淄，尽取齐国财宝祭器运回燕国。燕昭王非常高兴，亲自到济上慰劳军队，犒赏士兵，封乐毅于昌国，号为昌国君。于是燕昭王收缴齐国的俘虏财物回燕，派乐毅又领兵攻击齐国未下的城池。

乐毅在齐围守了五年，攻下齐国七十余座城池，都归属为燕的郡县，唯独莒、即墨两地未能攻克。适逢燕昭王死，立子嗣为燕惠王。惠王在做太子时就与乐毅不投合，到他即位后，齐国的田单听说了此事，在燕使反间计，说："齐国只剩下两座城攻不下，之所以不早点攻克，听说是乐毅与燕的新王有嫌隙，想联络士兵留在齐，在齐称王。齐国最怕的就是换其他将领来。"本来燕惠王就已经怀疑乐毅，受到齐的反间挑拨，就改派骑劫代将，召回乐毅。乐毅知道燕惠王此举不善，怕被诛杀，就向西逃亡投降赵国。赵国封乐毅于观津，号曰望诸君，尊宠乐毅以警告燕齐。

齐国田单后来与骑劫作战，设骗计诳骗燕军，在即墨城下攻破骑劫，而转战追逐燕军，全部收复齐国失地，在莒迎接齐襄王，进入临淄。

# 太祖用人鄙奸佞

赵匡胤发动陈桥兵变后，即速返回京都，威逼周恭帝禅位给他，周恭帝年幼，其母符太后无奈，只得同意，由于禅位礼举行得非常仓促，没有来得及撰写禅文。正急得没办法时，翰林学士承旨陶谷从怀中掏出一张禅文，从容递上，从而使赵匡胤摆脱了尴尬的局面。禅位书写道："上天生下众民，设立君主来管理天下。不论是尧老了能把帝位无私地让给舜，还是商汤放桀、武王伐纣，这些都是顺应时势的行动，其终极目的都是一样的，我是最末的一个王子，正遇上家父早逝的不幸。当前朝野上下，人心都已离去，但国家命运会有好的结局的。你这位归德军节度使，殿前都点检赵将军，就是能秉承我太祖、世宗大业的人。你有神武的谋略，曾佐助我祖创业，能够严从天命。当服事世宗时，在那艰苦的奋争中有你的奇功。当你领兵东征时，西

蒲华《山晴水明图》

边的人却埋怨你怎么不来西征。你的成绩可太多了，只有有德的人，才有资格去祭祀天地鬼神；只有大仁大义的人，才可被歌颂执法严明。我要应天意顺民心效法尧把位让给舜，让出君位，真像放掉了沉重的负担，我将永居宾位了。唉！这就是我的意愿，我必须如此，因为我深畏天命。"陶谷不愧是翰林学士，他在禅文里引经据典，瞻前顾后，把用意写得淋漓尽致。

禅让大礼告成，一切举措尽皆如意。在禅位礼中，陶谷可谓立了一个大功，如以雪中送炭，雨中送伞来形容他的功劳，未免太轻了。禅文对赵匡胤极尽歌功颂德之能事，甚至使人听了感到肉麻。陶谷很善于看风使舵，很善于说使人愿听的话。他预料到必行禅位礼，行禅位礼，必有禅位文。于是他恰到好处地填补了这一空白。他也觉得在急需而没有的情况下献出来，才更显得可贵。禅位礼像预想那样过去，陶谷非常得意，他觉得他为赵匡胤开创帝业上立了一桩奇功，他认为赵匡胤一定会给他满意的报答。群臣都以羡慕或忌妒的眼光看着陶谷，觉得陶谷在关键时刻给自己立好了向上爬的阶梯，无疑会指日高升，遗憾的是这样的窍门自己为什么没有想到。

赵匡胤也知道陶谷有非凡的才华，更知道陶谷在禅位礼上的重大贡献，他由衷地感谢陶谷在那尴尬的时刻为他帮了大忙。可是如何使用这个人呢？是根据他为自己帮了大忙而赏个高官呢，还是根据他的德才，按需而用呢？赵匡胤在用人的关键时刻选择了后者。赵匡胤觉得陶谷多才少德，是一个投机取巧、谄媚取宠的奸佞之人。他今天能对自己看风使舵，明天又不知对谁看风使舵，对这种人是不能重用的。所以赵匡胤对陶谷，既感谢他，又鄙视他。所以，赵匡胤最终没有按陶谷及一般人所想象的那样，委陶谷以重任，仍让他当了一个有职无权的翰林。

历史上有许多在位的人都曾被那些善于溜须拍马、投机取巧、阿谀逢迎、谄媚取宠的奸佞之人弄得发昏，做出很多蠢事，甚至是引火烧身，断送了身家性命。而宋太祖赵匡胤在对待这种人时，始终保持着清醒，决不为奸佞之人以有机可乘。

# 刘备不屈千里马

人的才能不仅有大小，而且各有偏重，如用非其才，就会使贤士无从施展，而随才任使，则可使人尽其才，充分发挥其胸中的抱负。刘备对庞统的任用，就经历了由用非其才到使其能大展鸿图的过程。

庞统（公元 179 年—公元 214 年）字士元，襄阳人。他小时为人质朴，不为当时人所重视。他的叔叔庞德公是荆州名士，十分赏识他的才干，称他为"凤雏"，与被称为"卧龙"的诸葛亮相提并论。以知人著称的司马徽也很赏识他，"称（庞）统为南州士人之冠冕"。汉献帝建安十五年（公元 210 年），周瑜去世后，庞统送其丧回到江东，吴郡名士顾劭问庞统说："卿名知人，吾与卿孰愈？"庞统回答说："陶冶世俗，甄综人物，吾不及卿；论帝王之秘策，揽倚伏之要最，吾似有一日之长。"

刘备领荆州牧后，以庞统为从事，守耒阳令。庞统认为让他当县令是大材小用，不用心料理政务，结果因政绩不佳而被免职。孙权部下的大将鲁肃了解庞统的才干，写信给刘备说："庞士元非百里才也，使处治中、别驾之任，始当展其骥足耳！"诸葛亮也向刘备推荐庞统，刘备于是接见庞统，与他谈论当前事务，大加赞赏，遂任用庞统为治中，对他的信任仅次于诸葛亮，以后，他又与诸葛亮同时担任军师中郎将。

当刘璋派法正请刘备人益州协助抵御张鲁，而法正又私下劝刘备乘机夺取益州时，刘备犹疑不决，庞统劝刘备说："荆州荒残，人物殚尽，东有孙东骑（孙权），北有曹操，难以得志。今益州户口百万，土沃财富，诚得以为资，大业可成也！"针对刘备恐怕贪图小利而失去信义的顾虑，庞统说："乱离之时，固非一道所能定也。且兼弱攻昧，逆取顺守，古人所贵。若事定之后，封以大国，何负于信！今日不取，终为人利耳。"刘备认为很有道理，遂决定亲自率军入益州，留诸葛亮、关羽、赵云等守荆州，而由庞统随从自己入益州。

以后，刘备在益州的战略策划，主要都出于庞统。在庞统的规划下，荆州军反客为主，步步进逼，终于在建安十九年包围成都，迫使刘璋出降，奠定了建立蜀汉政权的基础。只可惜庞统在大功将要告成之际，在围攻雒城（今四川新都东北）时被流箭射中而死，年仅三十六岁

庞统没有治理好一个小县，却在军师中郎将的位置上建立了相当辉煌的功业，这充分表明只有根据各人才干的特点加以任用，才能使其特长得以充分发挥。

# 孔明注重接班人

诸葛亮一贯主张要重视提携后贤，尤其到了晚年，他依靠群臣治蜀，提拔重用了一大批人，并创造条件让他们充分发挥作用。

蒋琬在刘备人蜀后曾为广都县令，因不受刘备赏识，被免职。当时，诸葛亮就认识到蒋琬的才干。他向刘备推荐蒋琬说："蒋琬，社稷之器，非百里之才也。其为政以安民为本，不以修饰为先，愿主公重加察之。"这以后，刘备为汉中王，蒋琬任尚书郎。诸葛亮任丞相，征召蒋琬为丞相府东曹掾，和长史张裔一起主持丞相府的工作。张裔死后，诸葛亮任命蒋琬接任这一重要职务，同时兼任抚军将军，成为诸葛亮处理内务的得力助手。诸葛亮曾在众人面前夸赞蒋琬忠心正直，有报国之志，是辅佐自己完成统一事业的人。他决定把蒋琬当作自己死后的接班人，他向后主刘禅奏了一道密表，说："臣若不幸，后事应托于蒋琬。"

诸葛亮死后，刘禅按诸葛亮生前的安排，任命蒋琬为尚书令并兼任都护，后来又晋升他为大将军，加封上录尚书事的头衔，成为总揽蜀国大权的重臣。蒋琬继承了诸葛亮的作风，工作兢兢业业，为蜀国政权的巩固和发展呕心沥血，直到死去。

诸葛亮不仅注意从文人中选拔自己的继承人，也注意培养有自己在军事方面的继承人。他提拔重用姜维就是突出的一例。

姜维原在魏国任职。他自幼志向远大，立志为复兴汉室效力，并且深通兵法，文武兼俱。但是，在魏国他不仅得不到重用，还时常遭人诋毁、陷害。诸葛亮率军到祁山时，姜维被魏国怀疑有异心，不得入城，便投降了诸葛亮。

诸葛亮亲自到城门迎接姜维，非常客气地说："今天能够在这里迎接您，这是大汉的造化。"接着把他引进卧室，设宴款待。姜维早就听说诸葛亮的贤名，这次亲眼目睹其贤德，更是从心里钦佩。二人相见恨晚。

诸葛亮见姜维举止不凡，颇有见识，就有意经常与他接触，常常畅怀而谈。经过进一步考究了解，他向后主刘禅推荐，拜姜维为奉义将军，封当阳亭侯。这时姜维年仅 27 岁，但已经成为蜀国政权中一位重要的人物。为了提高姜维的地位，诸葛亮想尽办法提高姜维的威望。他连续给长史张裔和参军蒋琬写信，盛赞姜维"忠于职守，思虑慎密"，"敏于军事，有胆有识"，"心存汉室，才兼于人"，是难得的一位人才。为了使姜维能够取得后主刘禅的信任和赏识，他还安排姜维去晋见后王。

诸葛亮一步步提携姜维，使姜维的才干不断增长，在蜀国的威望日益提高，为姜维在日后担当起率兵讨伐曹魏的重任奠定了基础，创造了条件。蒋琬与费祎等蜀国重臣相继故世后，姜维独挡一面，立志伐魏，为蜀国大业以身殉职。

# 孙权拜将用陆逊

三国时吴国与蜀国交战，有两次辉煌的战史：一是公元 219 年奇袭荆州成功，二是公元 222 年彝陵之战大胜。在这两次战役中，都记载着陆逊的赫赫战功。第一次是协助吕蒙，第二次乃独建奇功。陆逊后又任吴国丞相，成为三国时重要的人物之一。而他取得成功的一个最重要的条件，是孙权能够对他深信不疑，放手使用。

孙权依鲁肃计，将荆州这个战略要地借给刘备后，一直不甘心，总是盘算着有朝一日再夺回来。后来镇守陆口的吕蒙生出一计，就是假装养病，麻痹关羽，乘对方没有准备时突然袭击。吕蒙要"养病"，就得找人替自己，可是找谁为好，却颇费思量。如果找一位名望高的，起不到麻痹关羽的效果，要是随便找一位平平之辈，又恐不能按计划达到目的。正在这时，陆逊主动请缨。陆逊年少丧父，跟随堂叔父庐江太守陆康生活。他自幼酷爱学习，熟读兵书，精通经典，又有长期积累的实践经验。吕蒙经过与其长谈，认为陆逊足以担起重任，就向孙权推荐了陆逊，他说："陆逊的见解很长远，其才略可以负此重任，看他行止和韬略，可以重用。"这时，陆逊只是一名校尉，"未有远名"，委以他如此重任，的确非同常举。但孙权凭着自己对陆逊多年的了解和吕蒙的推荐，大胆起用陆逊。陆逊依计行事，果然取得了成功。刘备丢了荆州，如五雷轰顶，便亲自率蜀国的军队来讨伐吴国。大兵压境，对吴国来说形势十分危急。孙权便把抗击刘备的主帅职务授给了陆逊。陆逊来到前线后，采取"以逸待劳，伺机反击"的战略，不管刘备那边怎样骂阵挑战，自己按兵不动。对此，吴军中许多有资历的将官很是不服气，有的讥笑陆逊书生气十足，有的说他胆小惧敌。特别是孙权的宗室孙桓，作为吴军前锋陷于蜀军围困之中，实指望陆逊派兵相救，可陆逊仍然按兵不动。对于这些，孙权没有丝毫疑虑，他对陆逊坚信不疑。陆逊终于瞄准战机，将刘备赶跑。

孙权重用陆逊，可以说是选准了人。陆逊在战时"胸中百万兵"，而平日也很能顾全大局，化解矛盾。他任右都督时，奉命去平叛扩军，与当时的会稽太守淳于式产生了矛盾。淳于式便写信告陆逊不从实际出发，滥使权力，搞得当地不得安宁。陆逊对此毫不计较，反倒称淳于式是个称职的地方官。他对孙权说，淳于式作为地方官，想的是爱惜百姓，发展生产，他不是为私而告我，难道能说这不是好官吏吗？这一见解和态度，深受孙权赞佩。

陆逊当了丞相以后，更是平等待人，公正而有度地处理各种事情。孙权到了晚年，年老昏聩，滥使权威，官中结党营私的事也时有发生。陆逊敢于直言相谏，陈说利害，尽管有时惹得孙权不满，他也无所畏惧。诸葛瑾的儿子诸葛恪当时在孙权面前很得宠，他不满于自己的职务，便给陆逊写了一封长信，发表了一通用人观点。陆逊了解他的用意，就心平气和地阐述了自己的用人观点，他说："比我强的人，我一定要敬重他想法给他升迁的机会；比我差的人，我则要想法扶持帮助他。现在你冒犯比你强的人，看不起不如你的人，这可不是为人立德的基础啊！"一番话，说得诸葛恪无言以对。

## 武曌重用狄仁杰

武则天名曌，是中国历史上第一位女皇帝。在她统治期间，虽然阶级矛盾和统治集团内部矛盾都在发展，社会问题较多，但是经济仍向前发展，社会秩序也较安定。之所以如此，与武则天任用了一批杰出人才有很大关系。唐代著名政论家陆贽曾评论武则天的用人成就说："当代谓知人之明，累朝赖多士之用。"对于一代名臣狄仁杰的信赖与任用，就是她用贤才治理国家的突出事例。

狄仁杰（公元607年—公元700年），字怀英，并州太原（今山西太原）人，以明经入仕，初任汴州参军、并州法曹参军等职。高宗时，历任大理丞、侍御史、度支郎中、宁州刺史、冬官侍郎、持节江南巡抚使、文昌右丞、豫州刺史等职。任大理丞时，半年断滞狱一万七千人，皆称公允。在宁州刺史、江南巡抚使任上，均为民谋利，移风易俗，很受当地百姓爱戴。任豫州刺史期间，因为民请命，拒绝了宰相张光辅所率军队的强索财物的无理要求，遭到报复，被降职为复州刺史，又徙洛州司马。

武则天听说了狄仁杰的事迹，知其人可用，便于天授二年（公元 691年）拔擢他为地官侍郎、同凤阁鸾台平章事。狄仁杰也对武则天忠心耿耿，尽职尽责，君臣二人建立了密切无间的关系。

武则天充分信任狄仁杰。狄仁杰刚任宰相不久，武则天对他说：你在河南颇有政绩，但也有人说你坏话，你想知道是谁吗？狄仁杰回答："陛下以为过，臣当改之；以为无过，臣之幸也。谮者乃不愿知。"武则天听罢，赞叹他有长者风范，从此更加信赖之。

后来，狄仁杰遭酷吏来俊臣陷害，被执入狱。来俊臣用刑逼狄仁杰承认谋反，狄仁杰说："有周革命，我乃唐臣，反固实。"来俊臣即定其罪。狄仁杰冤屈莫名，乃趁看守人员疏忽之际，写成申诉状，塞入棉衣中，以换单衣为名，交其子光远。光远持书上告，武则天遣使复查。来俊臣命人伪造狄仁杰谢死表，表中承认谋反，愿意伏法。武则天阅毕，召见狄仁杰，问他说：你为什么谋反？狄仁杰回答：我不承认谋反，已被打死了。武则天出示狄仁杰谢死表，狄仁杰否认是自己所写。武则天知其冤枉，免其死。佞臣武承嗣对狄仁杰恨入骨髓，一再要来杀他。武则天拒绝说："命已行，不可返。"武承嗣、来俊臣之流苦争不已，必欲杀狄仁杰。武则天不得已，只好将狄贬为彭泽县令，以避其锋。但是不久，又将他擢为魏州刺史，很快又转幽州都督，赐紫袍、龟带，武则天亲自制金字十二于袍上，以表彰狄仁杰之忠贞。由此不难看出武则天对狄仁杰的信赖，反映了她用人不疑、爱惜人才的品质。武则天十分倚重狄仁杰。她个性刚强，难免有时刚愎自用，听不进他人劝谏；加之当时酷吏横行，二张、武承嗣之流用事，朝廷官员多缄其口。狄仁杰却敢于犯颜直谏，武则天也基本上对他言听计从。武则天一度欲以其侄武三思为太子，群臣虽以为不当，却无人敢谏。唯有狄仁杰说："臣观天人未厌唐德。比匈奴犯边，陛下使梁王三思募勇士于市，逾月不及千人。庐陵王（太子）代之，不浃日，辄五万。今欲即统，非庐陵王莫可。"武则天大怒，罢议此事。后来，武则天因几次梦到玩双陆不能取胜，让狄仁杰圆梦。

当时狄仁杰与王方庆在场，二人乘机劝谏说："双陆不胜，无子也。天其意者以儆陛下乎！且太子，天下本，本一摇，天下危矣……且姑侄与母子孰亲？陛下立庐陵王，则千秋万岁后常享宗庙；三思立，庙不祔姑。"武则天终于感悟，复立庐陵王为太子。以前也曾有人屡请复太子位，武则天执意不允。只有狄仁杰以母子亲情打动她，才成就此事，从而维护了唐朝政治的稳定。这固然是狄仁杰聪明过人的结果，但也说明了武则天对狄仁杰的信赖有加。

后来，崇信佛教的武则天欲造巨大佛像，需耗资数百万，官府钱财不足，诏命天下僧尼每天出一钱助之。诸臣以为扰民伤财，劝罢此役，则天不从。又是狄仁杰力谏之后，武则天才打消了此举，保证了社会秩序和经济的稳定。

狄仁杰还利用武则天对他的信任，举荐和保护了大批人才。李楷固、骆务整本是契丹族的两员大将。契丹入扰内地时，他们屡败唐军。后来，二人降唐。有关部门请求依法惩处他们。狄仁杰主张二人骁勇可任，若免其一死，必然感恩图报，建立殊功，武则天从之。二人果然在此后的对契丹战役中，战功卓著。长安年间，武则天对狄仁杰说："安得一奇士用之？"狄仁杰说："荆州长史张柬之虽老，宰相材也。用之必尽节于国。"于是武则天召张柬之为洛州司马。不久又让狄仁杰荐才，狄仁杰说："臣尝荐张柬之，未用也。"武则天说："迁之矣。"狄仁杰说："臣荐

石涛《细雨虬松图》

菜根谭

宰相而为司马，非用也。"武则天以为然，乃授柬之司刑少卿，迁秋官侍郎，不久又拜同凤阁鸾台平章事，为宰相之一。后来张柬之诛二张，去奸佞，立有殊功。狄仁杰为相期间，荐人多多，武则天皆擢用之，对于社会的发展起了很大的促进作用。

狄仁杰为国尽忠竭力，武则天也给他以极高的待遇与优渥。每见狄仁杰，均称之"国老"而不呼其名。狄仁杰见武则天时行大礼，武则天即劝阻说："每见公拜，朕身亦痛。"武则天曾巡幸三阳宫，王公贵戚皆随行，武则天单单让狄仁杰处于第一区，"眷礼卓异，时无辈者。"

武则天对狄仁杰的信赖、关怀和礼遇，激发了狄仁杰更加为国为民效力，充分发挥了自己的才能，成为"功盖一时，人不及知"的历史名臣。从他的身上，人们不仅认识到了武则天治国用才和关心爱护人才的精神，而且体会到了这种精神对于国家的兴盛，百姓的幸福起着多么大的作用！

# 唐玄宗开元用贤

公元 712 年，唐玄宗李隆基即位。由于经历了韦皇后（中宗皇后）、太平公主（睿宗之妹）两次擅权作乱，造成朝纲松弛，国势动荡。唐玄宗决心扫除积弊，重振国威。他懂得天下治乱，系于用人的道理。因此，他当时十分注意重用贤能。姚崇、宋璆、张嘉贞、张说、裴光庭、韩休等，都是他先后倚重的贤相。

姚崇，本名姚元崇，武则天当政时，曾任宰相。唐睿宗时，他一度为相，后来因遭到诬陷，屡受谪贬。唐玄宗早就听说他很有才干，所以，他一即位，便召姚崇进京面谈。姚崇见唐玄宗有意求治，就将古今治国之道，毫无保留地畅谈了一番。唐玄宗听了，觉得语语称心，句句合意，便当即拜崇为宰相，封梁国公。

姚崇任相后，事事考虑周全，处置公正，很得唐玄宗信赖。一次，姚崇向玄宗谈起有关郎吏一级官员的任用问题。玄宗听后，觉得姚崇考虑周详，用人得当，便宣布以后凡有关郎吏一级的任免由姚崇全权处理，不必向他报告。他对姚崇说："朕用卿为相，凡大事朕当过问，至于任用郎吏之类的事，就烦卿多劳了。"从此，姚崇进贤黜佞，一一批准，致使朝政焕然一新。

唐中宗时，佛事很盛，许多人借出家为名逃避赋役。唐玄宗即位后，此风仍盛。姚崇经过调查，上疏请玄宗禁止，并一次查出一万二千多人，勒令他们还俗，打击了崇佛奢侈之风。

正在玄宗任用姚崇励精图治之时，山东（今太行山以东地区）一带发生了一次特大蝗灾，成群的蝗虫，眼看要把田里的庄稼吃光了。地方上的官吏说蝗虫是神虫，不能捕杀。老百姓吓得烧香叩头，祈求上天开恩。姚崇接到报告，立即给唐玄宗写了一道奏章，说蝗虫只不过是一种害虫，只要各地官员和老百姓齐心协力驱蝗，蝗灾是可以消除的。唐玄宗十分相信姚崇，立刻批准了姚崇的奏章。姚崇不顾一些人的反对，立即下令，命各地官员带领百姓捕杀蝗虫，并派御使到各地去督促灭蝗。很快，蝗虫就被消灭了。

一次，姚崇问一个叫齐浣的官员说："我做宰相，可以和古代什么人相比？"齐浣诙谐地说："您虽然赶不上管仲、晏子等古代名相，也可以称是救世宰相了。"后来，姚崇因年事渐高，便向唐玄宗提出了辞职，并举荐宋璟代替他。

宋璟是邢州南和（分属河北）人，也是武则天、唐睿宗时的老臣。唐玄宗因姚崇、卢怀慎的荐举，就把宋璟由广州都督提升为黄门监，继姚崇为相。宋璟相后与同平章事苏颋同心辅政。宋璟为人刚正，自出仕以来，从未阿附权贵，当宰相后，犯颜直谏，有时唐玄宗不采纳他的意见，苏颋就帮助宋璟进一步申述理由，直至唐玄宗接纳为止。

宋璟不仅直言敢谏，而且以身作则。有一次，吏部选人，他的远房叔父宋元超。打着宋璟的旗号来找吏部，想谋一个肥缺。宋璟告诉吏部不给宋元超官职，宋元超败兴而归。

张嘉贞在武则天当政时也担任要职。唐玄宗一直很欣赏他的为人和才干。他即位后，曾多次派人到任所去慰劳张嘉贞。开元五年（公元717年），突厥的几个部落刚刚归附唐朝。为防止他们重新背离，张嘉贞建议设天兵军，监护他们。唐玄宗采纳了他的建议，并任命他担任了天兵军统帅。第二年春天，有人告发他"克扣军饷，招兵买马，蓄谋造反"。经反复调查，没有发现任何证据。唐玄宗十分恼怒，欲把诬告者叛处死刑，张嘉贞不同意，对玄宗说："国家的重兵利器都在边防上部署着，人们对边帅有种种猜测和议论是正常的，即使告发者所言有不实之处，也不该给这么重的处罚，那样难免会堵塞言路。"玄宗对他的忠直和大度十分钦佩，下令免除那个诬告者死刑，并赞扬张嘉贞说："我看你既深谋远虑，又宽于待人，如果让你担任宰相，相信你一定会干得很出色的。"张嘉贞脱口道："陛下如果不嫌我愚钝，有意用我，那就请您及早地用吧。等我年老体衰时再用，就会心有余而力不足了！"

过了两年，宰相宋璟、苏颋告老辞职，玄宗便任命张嘉贞为中书侍郎、同中书门下平章事，即宰相职务。不久，又由中书侍郎提升为中书令。张嘉贞当宰相后，办事雷厉风行，严肃认真，生活克勤克俭，政绩颇为突出。

开元年间，唐玄宗任用像姚崇等这些贤相革除弊政，励精求治，使唐朝经济繁荣，国力强盛，达到了鼎盛阶段，被后人赞誉为"开元盛世"。

# 范仲淹用人细故

北宋著名的政治家、文学家范仲淹，为人刚正无私，无论在朝中执政还是在边塞御敌，都表现出其才能。范仲淹爱憎分明，对徇私舞弊的官吏敢于罢黜，对有才干又处于困窘中的士从则慷慨相助。

宋仁宗时，范仲淹曾任参知政事，他坚决反对以"恩荫"任命官吏，以维护官员队伍的素质。在选任各路监司时"取班簿，视不才者，一笔勾之"。范仲淹的老友富弼认为他的作法太无情了。他说："一笔勾之易，焉知一家哭矣？"范仲淹反驳道："一家哭何如一路哭？""遂吏罢之"。

史称"范文正公用人，多敢气节，而略细故"，尤其是在其任陕西经略安抚招讨副使、主持军务的时候。"其为帅日，辟置幕客，多取谪籍未牵复人"。对于这些有过失或被降职、流放的官吏，范仲淹主要是看其大节，注重操守。他认为"人有才能而尤过失，朝廷自用之。若其实有可用之才，不幸陷于吏议不因事起之，遂为废人矣"。对于那些确实有才而又因一时过错受处罚的人，应该看其长处，使其发挥作用。否则，不趁此用人之际起用，他们便再也没有显露才能的机会了，这是很可惜的。因此，他所举的孙威敏、滕达道都是这样的人，他还非常注意帮助、鼓励贫穷的士人，予以奖掖提携。

范仲淹早年孤苦，家境贫寒，因此深知士人读书不易。他幼年因为买不起纸笔，四五岁时，借住在深山古庙读书。因为没有钱，每天所食只是用一把米熬成的一小盆粥，置凉后使之凝固，分成四块，中午、晚上各吃两块。因此，他对穷人读书之苦深有体会，特别同情那些有志而家贫的读书人。

范仲淹在睢阳任提学时，有一天来了一位眉目清秀、衣衫破旧的秀才，自称姓孙，开口向范仲淹要一千钱。第二年，那孙秀才又找范仲淹，依旧要一千钱。范仲淹询问他的家世，孙秀才戚然道："母老无以养，若日得百钱，则甘旨可足。"范仲淹非常同情孙秀才的境遇，但他认为依靠别人周济并非长久之计，于是帮他找了一个学职，每天可得三千制钱，还送一部《春秋》，鼓励他发愤深造。十年后，范仲淹辗转仕途，已经淡忘了孙秀才的事。忽一日，朝廷要任命秘书省校书郎兼国子监直讲，从泰山召来一位秀才。范仲淹一见，正是当年求他帮助的孙秀才，他本名孙复，山西平阳人，此时已是著名的经学家了。他写的《尊王发微》等作品，颇有新意，博得普遍赞誉。因此，与胡瑗、石介并称为"宋初三先生"。

范仲淹以爱才助才为己任，使孙秀才得以成就。史书上记载范仲淹去世后，"四方闻者，皆为叹息。"

# 元太祖弃嫌用将

元太祖成吉思汗（公元 1162 年—公元 1227 年），在中国军事史上是一位叱咤风云的人物。他在南征北战四十年的军事生涯中格外注重选将用人工作，真正做到选将不拘一格，用人不论出身。在他身帝形成了"猛将如云，谋臣如雨"的局面，为他取得"灭国四十"的辉煌胜利奠定了基础。

成吉思汗九岁时，父亲也速该被塔塔儿人用酒毒死，一家人由部落首领的地位跌入了苦难的深渊。原有的近侍、百姓和奴婢离开了铁木真母子。成吉思汗在"除了影子，没有旁的朋友，除了尾巴，没有旁的鞭子"的孤独逆境中长大。在艰难生活的磨炼下，在激烈战争的较量中，成吉思汗懂得了选将用人的重要性。他广泛结交朋友，在身边组织了一支强大的那可儿队伍，选拔和任用了一批与他出生入死、勇猛善战的勇士担当将领，为摆脱欺凌，统一蒙古各部，建立大蒙古帝国一起奋斗。成吉思汗打破了传统旧贵族狭隘的部落门庭界限，在选将任将上不论出身，不问民族，不记前嫌，以其才能的高下为衡量的标准，不拘一格选任将领。

在成吉思汗的诸大将中，者勒蔑以善于带兵，剽悍勇猛著称，他在征战中出生入死，屡获大胜，被成吉思汗所器重。而者勒蔑原本却只是孛儿只斤家族的奴隶。当年者勒蔑的父亲把他送到成吉思汗家来的时候，对主子说："你当初在迭里温孛勒答合地而生时，我与了你一个貂鼠裹儿裌有来。者勒蔑儿子曾与了来，为幼小上头，我将去养来，如今这儿子教与你，鞴鞍子开门子。"者勒蔑的父亲是个铁匠，将小者勒蔑养大后送到主人家，让其做成吉思汗的家奴。后来这个者勒蔑成了蒙古汗国的一员大将。然而在成吉思汗作蒙古大汗的前四年，者勒蔑还在成吉思汗家里从事家务劳动，做杀牛的工作。

成吉思汗帐下另一员大名鼎鼎的战将木华黎和者勒蔑一样也是出身于家奴。木华黎的爷爷帖列格秃把他送给成吉思汗时说："教永远估奴婢者，若离了你的门户呵，便将脚筋挑了，心肝割了。"木华黎由于才能出众，"沉毅多智略，猿臂善射，挽弓二石强，与博尔术、博尔忽、赤老温事太祖，俱以忠勇称"，被成吉思汗提拔起来做将领，在第一批封赏功臣时，木华黎就被封为第三千户，居于上位，并为左手万户，成为成吉思汗的四杰之一。在攻金的战争中，成吉思汗委派木华黎独自领军作战，屡获大胜，威震敌胆，攻取了辽东、辽西，连破河北、山东等地，被封为太师国王，成为开国元勋。

成吉思汗军队中的将领除了蒙古族人以外，还有其他民族出身的将领，如契丹人、女真人、维吾儿人、西夏人以及西域穆斯林等民族的一大批贤才良将。南宋嘉泰三年（公元1203年），成吉思汗在统一蒙古的战争中，为防止王罕的儿子桑昆的袭击，率军进行战略转移，将营地撤至呼伦湖西南的班朱尼湖。一路上没有粮食，靠打猎充饥，处境十分艰难，成吉思汗手下"大部分军队离开了他"，减员相当严重。同他一直走到班朱尼湖的各级首领仅剩下十九人。成吉思汗以湖水当酒，捶胸举手，对天发誓说："使我克定大业，当与诸人同甘苦，苟渝此言，有如河水。"十九位将领与成吉思汗出生入死，听到大帅讲完这番话也是深受感动，流下了热泪。饮过班朱尼湖水的十九名首领都成了以后的功臣，受到成吉思汗及其子孙的善遇和崇敬。而这十九位与成吉思汗患难相从的将领，其中就有契丹族耶律阿海、秃花兄弟；札八儿火者是西域赛夷人，即中亚人。（蒙鞑备录）称其为"回鹘人"。另外，这十九人中的镇海（据费志尼和王国维说）是畏吾儿人。这些人与成吉思汗生死与共，屡立战功，耶律阿海后被尊为太师、大傅，镇海后来成了窝阔台的丞相。由此可见，成吉思汗任用将领不以民族和部落为限，而能以宽阔的胸怀，广收将才，以助大业。

　　成吉思汗用将的另一特点是重才德而不记前仇。即使是曾在战场上差一点致自己于死地的劲敌，他也能够为我所用，收为部将。成吉思汗四先锋之一的者别，原先是泰赤乌的一员悍将，名叫只儿豁阿歹。南宋嘉泰元年（公元1201年），成吉思汗在进行统一蒙古的战争中与泰赤乌、札答兰、合答斤、山只昆等诸部进行了一场阔亦田（今内蒙古自治区新巴尔虎旗辉河南奎腾河附近）之战。战争进行了半天后，敌军开始溃败，铁木真率军一步不舍地紧迫泰赤乌部军队。面临亡族灭种的威胁，泰赤乌人不肯束手待毙，他们稳住阵脚，步步为营，作顽强抵抗。双方展开了拉锯战，你争我夺，打得难解难分。泰赤乌部猛将只儿豁阿歹，站在山坡上观察双方的动向，发现了正在冲杀的铁木真，弯弓搭箭，向铁木真的喉咙猛射一箭。利箭带着风响直向铁木真飞来，铁木真听到响声把头一歪，箭虽没射中他的喉咙，却射中了脖颈的血脉。"伤其颈脉，血不能止。"铁木真一头扑倒在马背上，血涌如注，不省人事，被部将救下马来。铁木真虽然负伤，但最后还是打败了泰赤乌部。只儿豁阿歹等人战败投降了铁木真。身受重伤的铁木真向败降的泰赤乌人问道："阔亦田地面对阵时，自岭上将我马项骨射断的，果真谁？"这一箭明明是射中了铁木真的脖子，但铁木真却不愿说出自己受伤的真相，推托他的坐骑受伤。只儿豁阿歹为人坦荡豪爽，直言不讳地说："是我射来，如今皇帝教死呵，止污手掌般一块地，若教不死呵，我愿出气力，将深水可以横断，坚石可以冲碎。"成吉思汗十分欣赏他的这种忠诚老实和勇往直前、百折不挠的精神，说："但凡敌人害了人的事，他必隐讳了不说。如今你却不隐讳，可以做伴当。"成吉思汗收留了只儿豁阿歹，并当场给他改名叫"者别"（蒙古语即"箭"），意为今后成吉思汗手中的利箭，为其射杀强敌。成吉思汗不记射颈之仇，对者别推诚相待，破格重用，后来者别在一系列的战争中战功卓著，成为蒙古的一代名将。

　　由于成吉思汗选将用将，不问出身，不论民族，不记前仇，麾上将帅云集，有善于统军一方，忠诚效力的"四杰"，有勇于冲锋、英勇善战的"四驹"（即四位先锋将领），还有一大批来自其他民族、诚心辅佐的谋臣骁将。正是这样一些得力的战将使得成吉思汗赢得了一次又一次的战争胜利，所向披靡，不可战胜。

# 明太祖巧用朱升

　　明太祖朱元璋是我国历史上继刘邦之后又一位布衣出身的开国皇帝。他小时候逃过荒，要过饭，当过和尚，二十四岁时，到了濠州投奔了农民起义军领袖郭子兴，当了红巾军。由于他智勇双全，办事干练，深得郭子兴的赏识。郭子兴死后，朱元璋当了大元帅，他招兵买马，扩充地盘，渐渐产生了学刘邦平定天下的念头。朱元璋崛起于布衣，深知要打天下，创立汉高祖那样的基业，必须广求天下贤士。因此，他每到一处总要留心访求地方上有名望的贤士，并千方百计把他们网罗在幕府里，求计问策。

　　公元1357年，朱元璋率军攻下徽州，大将邓愈向他推荐说："大帅不是想访求贤士吗？附近休宁有个人叫朱升，做过学政，饱览经书，在徽州一带很有名望，大帅为什么不去探访他呢？"朱元璋听后，立刻和邓愈离开帅帐，前去访问朱升。

　　朱元璋由邓愈带路，快马加鞭，不一会

陈淳《松石萱花图》

儿就来到朱升的住处。朱元璋连忙卜马，上前轻轻叩门，只见一位老人走出来，朱元璋向老人抱拳作揖，非常恭敬地问："请问，先生莫不是休宁名士朱升？"老人打量了朱元璋一番，见他身着戎装，腰佩宝剑，身边跟着几个侍从，料定他是红巾军头目，便信口答道："老朽正是朱升，不知将军尊姓大名？"没等朱元璋答话，邓愈忙上前说："这是攻克徽州的红巾军的主帅朱元璋啊！"朱元璋自我介绍说："我本起自乡里，原也是个布衣贫民。如今为推翻残暴的元朝统治，拯救受苦的百姓，才举起义旗。听说先生学识渊博，今日特来拜访，恳请先生教以救国之大计。"朱升听说眼前这个人就是赫赫有名的大元帅朱元璋，便连忙下拜说："原来是朱元帅到此，久闻元帅大名，十分仰慕，老朽乃村野农夫，何劳元帅屈尊！"说着便把朱元璋等人引进屋里，叙谈起来。

朱元璋和朱升促膝畅谈，似久别重逢的老友，从衣食住行，风土人情，说到国家大事，百姓疾苦，朱升谈吐不凡，鞭辟入里。朱元璋听罢连连额首。朱升也觉得朱元璋平易近人，胸有大志，颇有大将气度，两人相互倾慕，相见恨晚。大约谈了一个多时辰，朱元璋问道："以先生之见，当今天下之势，我该如何行事才好？"朱升已经揣度到朱元璋有平天下的雄心大志，沉思片刻，答道："以老朽之见，大元帅想成就大业，要按三句话行事，即：'高筑墙，广积粮，缓称王。'记住此三条，元帅大业可成。"朱元璋听了，轻声重复一遍，而后连声称赞道："先生立言警策，重如泰山！操练兵马，积蓄实力；奖励农耕，积有食粮；讳露锋芒，勿早树敌。先生见识宏远！"朱升见朱元璋对他的话理解得如此透彻，喜形于色说："大元帅果然不是平常之人！"朱元璋亲谒名士，得到平定天下的三策，觉得不虚此行。他回到元帅府便按照朱升的三策，大搞屯田，发展生产，整顿军队，缩小目标，不务虚名，讲求实效。经过几年的努力，朱元璋逐步巩固和发展了根据地，兵壮粮多，足以同当时的其他几支势力相匹敌了。

公元1360年，群雄势力中最强的陈友谅自称皇帝，建国号汉，约张士诚夹攻朱元璋。朱元璋奋力抗击，终于打败了陈友谅、张士诚等，称雄天下，于公元1368年建立了大明王朝。

朱元璋做了皇帝，没有忘记朱升陈献良策的功劳，下诏请朱升到朝廷做官，参与朝政，出谋划策。后来，朱升老了，朱元璋还特别关照免去了朱升每天上朝所行的跪拜之礼，对朱升关怀备至。

# 燕昭王筑台纳贤

筑黄金台，是燕昭王招聘人才的一种手段。

战国时期，燕昭王收复了被齐国攻占的国土后，想要依靠众多人才，富国强兵。他向郭隗请教招聘人才的方法。

郭隗没有正面回答，只是给他讲了一个高价买马骨的故事。古时候，有个国君打算花 1000 两黄金买一匹千里马，3 年仍未买到。有个人自告奋勇地要为国君效劳。他找了 3 个月，才找到了一匹千里马。可惜他刚一赶到，那匹马就死了。他就花了 500 两黄金，为国君买了这匹马的骨架。国君见后大怒，训斥说："我要买的是活马，谁让你买这没用的死马骨头？"那人向国君解释说："我这样做，是要让大家知道，国君肯花 500 两黄金买千里马的骨头，那还愁没人把千里马给陛下送上门来吗？"果然，这消息一传开，不到 1 年，千里马就送来了 3 匹。

燕昭王听后深有启发。郭隗说："您如果真想招贤纳才，不妨就先从我身上做起吧！让天下人都看到，像我这样不才的人都受到您如此的尊重，国内外的贤才就会自动地向您聚拢了。"于是，燕昭王立即给郭隗盖了富丽堂皇的房子，恭恭敬敬地拜他为师。还在易山筑了一座"黄金台"，里头堆满了黄澄澄的金子，专门用来招贤纳才。这样，燕昭王爱贤招贤的名声就不胫而走地传开了。许多有才干的人，纷纷来投奔燕国。如乐毅从魏国来，邹衍从齐国来，剧辛从赵国来，屈庸从卫国来，苏代从洛阳来，出现了"士争凑燕"的局面。有首唐诗曾写道："燕昭北筑黄金台，四面豪杰乘风来。"不久，燕国日渐强大，为战国七雄之一。

## 秦穆公得千里马

伯乐是相马的好手。所以韩愈说："世有伯乐，然后有千里马。千里马常有，而伯乐不常有。"这说明了识别和发现人才的人的重要性。

伯乐年纪大了，秦穆公跟他商量说："你的子孙当中，有谁可以接替你的职务呢？"

伯乐深知自己子孙的才识不高，不赞成由他们接替自己的职务。于是，秦穆公又问，"那么，让谁来接替你好呢？"

伯乐向秦穆公推荐了九方皋。他说："九方皋是早些年和我一起挑柴担菜的小伙子，论相马的本领，不在我以下，请您能够像信任我一样地信用他。"

秦穆公半信半疑地接见了九方皋。为了试一试他相马的本领，立即派他去选一匹天下最好的千里马。九方皋经过 3 个月的跋涉奔波，终于在沙丘那个地方发现了一匹好马。于是，九方皋向秦穆公报告说："在沙丘找到了好马，仿佛是一匹黄色的母马。"跟他同去相马的人一听，异口同声地纠正说："他说错了，是一匹纯黑色的公马！"

秦穆公听了感到不快。他把伯乐找来，用带有几分责备的口吻说："你所推荐的九方皋，连马的毛色和公母都搞不清，怎能分辨出马的优劣呢！"

伯乐喟然长叹说："真的到了这种地步了吗？依我看，这恰恰是他比我高明千万倍的地方！九方皋相马，只着重于马的风骨、精神和品格，并没有把重点放在马的形体、公母和毛色上；只注意了他认为特别需要注意的方面，有意识地忽略放弃了他认为无关紧要的方面。像他这种相法，才是最可贵、最高超的相马法啊！"

过了一些时候，九方皋相中的那匹马送到了宫廷，虽然不是一匹黄色的母马，而是一匹黑色的公马，但却果真是一匹千里良马。秦穆公对伯乐的慧眼识人和九方皋的慧眼识马，都很佩服，于是任命九方皋接替了伯乐的职务。

# 雍正帝任人有术

爱新觉罗·胤禛生于康熙 17 年（公元 1678 年）10 月 30 日，是康熙第四子，卒于雍正 13 年（公元 1735 年）8 月 23 日。

由于康熙帝在位时间过长（共计 61 年），并两度废除太子胤礽的储位，致使本来就希望能获得储位，继而当皇帝的诸皇子为争夺储位展开了十分激烈的争斗，就是在康熙死后，雍正已经即位的初期，这种斗争仍然存在。雍正之所以在这场斗争中取得了胜利，主要是因为他善于利用一切可用的人才，听取戴铎的完整计划，组建了不大但十分有力的夺储小集团。在夺得皇位之后，又通过确立隆科多年羹尧等为新政权的核心人物，打击朋党，清除允禩，允禵集团，稳固了政权。

雍正在位十三年，采取了一系列诸如压抑科甲出身的官员等措施，打击了官场上以师生之谊建立的朋党，比较有力地清除了康熙中后期形成的官场颓风。此外，还通过改土归流等政策，进一步巩固了满清政权的统治，为"康乾盛世"的前后相承提供了有力的保障。而这一系列政策的贯彻实施又是与他善于发现人才，重视人才的能力和特长，重用田文镜、李卫、鄂尔泰等大臣分不开的。

雍正皇帝生性好胜、刚毅，有时表现得比较急躁。他教诲臣下，办事要拿定主意；不能片面地瞻前顾后，游移不决。他反对优柔寡断，主要办事不怕艰难，不顾阻挠，认准了就干。他的这一性格，表现在政治上就是决策果断，例如他为了推行新政策和整顿吏治，便大批地罢黜不称职的官员，同时大量破格引进人材，任用可用之人，别人为此批评他"进人太骤，退人太速"，他也毫不在意。正是由于具有这种坚毅的性格，他才有力地冲破了反对势力的阻挠，大批任用新人，坚定地实施自己的政策，所以，雍正帝在位时间虽不很长，却做出了很多重大的改革。

# 秦穆公求贤若渴

用人不拘一格的谋略思想，古来有之，古时候诸多的用人权谋家，在选拔使用人才时，渠道很多，有取于强盗窃贼之流，有取于东夷西狄之国，有取于仇人政敌之士，有取于姻亲朋戚之列，不管什么人，只要他们有真才实学，从来不问他们来自何方，出身如何。

这是为什么呢？因为在用人者眼里，他们注重的不是人的出身、资历如何，而是其人是否有真才实学，他们要用的是人的才能、才干，而不是要用出身、资历。所以，只要是人才，其他的东西都可以不予计较，放在一边。

春秋战国时期的秦穆公是位极有作为的国君，他不但喜欢派人四处搜罗千里马，而且为了富国强兵，建立霸业，千方百计地罗致人才。相国百里奚就是他用五张羊皮换回来的。

百里奚原本是虞国人，曾任虞国中大夫。虞国后来被晋国灭亡了。晋献公知道百里奚很有才能，想请他作官，但百里奚执意不愿为敌国服务。正好这时秦晋交好通婚。晋献公就把百里奚作为女儿的陪嫁奴仆送给了秦国，百里奚想到自己年已古稀，却要去做奴隶，一气之下，跑到了楚国，以养牛看马为生。

秦穆公发现陪嫁名单上有百里奚，却不见其人，就问公子。公子说："跑到楚国去了。"秦穆公又问刚从晋国投奔来的公孙枝："百里奚是什么样的人?"公孙枝回答:"是一个有才干的人,可惜英雄无用武之地。"秦穆公一听是个人才,就准备送厚礼给楚成王,以求换回百里奚。

公孙枝闻讯后赶忙加以阻止,他对秦穆公说:"这可使不得,要知道楚国人让他看马,是因为还不了解他的才能,要是大王以重礼去换,便无异于敦促楚王重用他,哪里还有放回的道理。"

秦穆公听完恍然大悟,于是派人送了五张羊皮去楚国,对楚成王说奴仆百里奚触犯法律,现在秦王要求赎回他。楚王信以为真,召来百里奚,打入囚车,交给了秦国的使者。

百里奚来到秦国,秦穆公见是个满头霜发的老头,不禁大失所望:"可惜年岁太大了。"百里奚接口道:"我才七十岁,如果大王让我上山打虎,当然是老了些,但要让我出谋划策,我比姜太公还要年轻十岁呢。"秦穆公见他出言不凡,便请他谈论富国强兵的大计。谁知二人越谈越投机,竟一连谈了三日。

秦穆公深感百里奚是难得的治世奇才,便打算拜他为相国。百里奚推辞说,我的朋友蹇叔更有才能,大王要想成就事业,一定要把他请来。秦穆公听说居然还有比百里奚还有才干的人,十分高兴,由于思贤若渴,他立即请百里奚写信,派公子前去请蹇叔出山。

这一请,不仅请出了蹇叔,而且把蹇叔的两个儿子西乞术、白乙丙也请了出来,同时,百里奚失散多年的儿子孟明视闻讯也来秦国认父。

秦穆公或许根本就没有想到,他用五张羊皮换回来的一个年已古稀的奴隶,居然在短时间内又为他招致了这么多贤良之才。从此,他放心地依靠这些有才干的人物改革内政,操练兵马,就这样,秦国很快强盛起来,而百里奚、蹇叔、西乞术、白乙丙、孟明视等人,也成为春秋战国时期的风云人物。

"五张羊皮换宰相",无疑是"不拘一格"的用人谋略的经典之作,看看秦穆公到底不拘哪些"格":

不论出身。百里奚是个奴仆,蹇叔是个隐士,白乙丙、西乞术和孟明视都是初出茅庐的青年,秦穆公能委心任用,这是第一个"不拘一格"。

不论年纪。百里奚已经古稀之年,在别人眼里已经是快入土的人了,但秦穆公从言谈中察知此人不凡,就能断拜为相国,这是第二个"不拘一格"。

求贤若渴。秦穆公素有广招天下贤士之心,仅仅只是听别人说百里奚是个人才，就想着要他把收为己有，想方设法拉到自己身边。相较于那些人才站在自己眼皮底下的人来说，秦穆公无疑更为重视人才，这是第三个"不拘一格"。

用人不疑。当百里奚向秦穆公推荐蹇叔时，秦穆公立即派人去请驾，表现出了对百里奚的充分信任，这是第四个"不拘一格"。

# 丙吉宽厚终得报

丙吉是汉宣帝时的丞相，以知大节，识大体著称。他宽厚待人，隐恶扬善，尤其是对下属，从不求全责备。对好的下属，他大力加以表彰；对犯了过失的下属，只要是能原谅、宽容的，他都尽可能地原谅、宽容他们。

丙吉有一个车夫，驾车的技术很好，其他方面也没有什么问题，就是有一个毛病——喜欢喝酒。他经常喝得醉醺醺的，出门在外也是这样。

有一次，丙吉出门办事，带了这个车夫驾车。殊不知他这次喝得大醉，车子还在路上，他就呕吐起来，把车上的座席都弄脏了。车夫一见自己弄脏了座席，吓得不知怎么才好。但丙吉并没有多说他什么，只让他把车上的污迹擦干净，然后又赶车上路。

回到相府，管家知道这件事后非常生气，狠狠地训斥了车夫一顿，并向丙吉建议说："大人，这个车夫实在是不像话，干脆把他赶走算了！"

丙吉摇摇头说："不要这样做。因为他喝醉酒犯了一点小小的过失就赶走他，你让他到哪里去容身呢？他不过是弄脏了我的座席罢了，算不上什么大罪。还是原谅他吧，我相信他自己会改正的。"

管家这才没有赶走那个车夫。车夫知道是由于丞相的宽宏大量才保住了自己后，内心非常感激，决心报答丞相。从此更尽心尽意地赶车，酒也喝得少多了。

车夫原本是边疆人，熟知边防报急方面的事情。有一次，他在长安街上看到一名驿站的官员疾驰而过，猜想一定是边境上发生了什么紧急的事情。于是他紧跟着到驿馆里去打听消息，果然得知是匈奴入侵云中郡和代郡，那里的郡守派人告急。

车夫立即回相府，把自己探听到的情况向丙吉报告。丙吉知道宣帝马上会召自己进宫商议，便叫来有关方面的属下，向他们了解被入侵地区的官员任职以及防务等方面的详细情况，思考了对策。

不一会儿，汉宣帝果然召见丙吉和御史大夫等人商议救援之事。由于丙吉事先已知道了消息，并且有所准备，所以胸有成竹，侃侃而谈，很快提出了可行的救援办法。而御史大夫等人却仓促进宫，一点消息也不知道，对被入侵地区的情况也不太了解，一时之间根本就说不出什么来，更不用说切实可行的救援办法了。

两相比较，对照鲜明。汉宣帝赞赏丙吉"忧边思职"，对御史大夫等人却很不满意。

退朝后，其他大臣对丙吉十分钦佩，丙吉却对大家说："实不相瞒，今

文伯仁《溪山仙馆图》

天是因为我的车夫事先打听到消息并告诉了我，使我预先有了准备。当初，他曾经醉酒呕吐，弄脏了我的车座，我原谅了他，所以他有今天的举动。"

说到这里，丙吉又感叹道："所以啊，每个人都有他的所长，也各有所短，我们应当尽量容忍别人的过失。想想看，假如当初我不容忍车夫的过失，把他赶走了，能有今天受到皇上的表彰吗？"

众人都点头叹服。

"水至清则无鱼，人至察则无友。"

水太清澈了，就没有鱼能够生存；人太明察了，就没有人愿意跟随你。

是啊，你看那游泳池里的水是够清澈的了，可是哪里有鱼能够在里面生存呢？

为人也是一样。

俗话说，金无足赤，人无完人。如果你事事苛察，求全责就像眼里容不下一粒砂子一样，谁愿意跟从你呢？

丙丞相明白这个道理，所以他原谅了车夫，结果得到了报答。

当然不止丙丞相如此，中国历史上这类容人的事例还多着哩。

汉高祖重用"盗嫂"的陈平而得天下，宋太祖撞破受贿的赵普而不责罚，曹操更是公开下《求贤令》说：哪怕有不好的名声，可笑的言行，甚至是不仁不孝之人，只要有治国用兵之术，都不要有所遗漏。

他们都是容纳那些虽德行有亏但确有才干的人。

# 刘秀用才兴大汉

刘秀轻取洛阳就是运用这一思想的成功范例。当时，洛阳城池坚固，李轶、朱鲔拥兵 30 万，刘秀先用离间计，让朱鲔刺杀了李轶，后又派人劝说朱鲔投降。但朱鲔因参与过谋杀刘演，害怕刘秀复仇，犹豫不决。刘秀知道后，立即派人告诉他说："举大事者不忌小怨"，朱鲔若能投降，不仅决不加诛，还会保其现在的爵位，并对河盟誓，决不食言。朱鲔投降后，刘秀果然亲为解缚，以礼相待。

公元 27 年，赤眉军的樊崇、刘盆子投降，刘秀对他们说："你们过去大行无道，所过之处，老人弱者都被屠杀，国家被破坏，水井炉灶被填平。然而你们还是做了三件好事：攻破城市、遍行全国，但没有抛弃故土的妻子；第二件是以刘氏宗室为君主；第三件事尤为值得称道，其他贼寇虽然也立了君主，但在危机时刻都是拿着君主的头颅来投降，唯独你们保全了刘盆子的性命并交给了我。"于是，刘秀下令他们与妻儿一起住在洛阳，每人赐给一区宅屋，二顷田地。就这样，刘秀总是善于找出别人的优点，加以褒扬。

刘秀极善于调解将领之间的不和情绪，绝不让他们相互斗争，更不偏袒。贾复与寇恂有仇，大有不共戴天之势。刘秀则把他们叫到一起，居间调和，善言相劝，使他们结友而去。对待功臣，他决不遗忘，而是待遇如初。征房将军祭遵去世，刘秀悼念尤勤，甚至其灵车到达河南，他还"望哭哀恸"。中郎将来歙征蜀时被刺身死，他竟乘着车子，带着白布，前往吊唁。刘秀的这种发自内心的真诚，确实赢得人心。

刘秀实行轻法缓刑，重赏轻罚，以结民心。他一反功臣封地最多不过百里的古制，认为"古之亡国，皆以无道，未尝闻功臣地多灭亡者。"他分封的食邑最多的竟达六县之多。至于罚，非到不罚不足以惩后时候才罚，即便罚，也尽量从轻，绝不轻易杀戮将士。邓禹称赞刘秀"军政齐肃，赏罚严明"，不为过誉。在中国历史上，往往是"高鸟尽，良弓藏；狡兔尽，走狗烹；敌国亡，谋臣亡"，唯独东汉的开国功臣皆得善终，就这一点，就足以说明刘秀"柔道"治国的可取性。

刘秀在称帝之前就告诫群臣，要"在上不骄"，做事要兢兢业业，如履薄冰，如临深渊，日慎一日，等等。在后来的岁月里，刘秀一直始终如一地自戒戒人，这种用心良苦的告诫，虽不能根本上扭转封建官场的习气，但毕竟起了一定的作用。当时刘秀军的中武将多好读儒家经典，就是很好的证明。

莫说"洪洞县里无好人"，封建官场虽是一片漆黑，但毕竟还会偶尔闪现出一两个良心未泯的人物，就是这些凤毛鳞角的人物，已足使我们兴奋不已。

"柔道"也属治人之术，但毕竟和虚伪、狡诈有本质的区别，因为后者已不是"术"，而是个人的道德品质问题了。

刘秀"柔道"兴汉，少杀多仁，不论是军事，政治还是外交等方面都治理得很好。这难道不给我们提供了一个有益的启示吗？看来，儒、道理论并非迂腐之学，只要运用得当，完全可以比别的方法更有效，更好。只是千百年来，儒、道之学在这方面的光辉，已被凶残狡诈的人性给掩盖涂篡得不成样子了！

# 项羽用人不计嫌

秦始皇在完成统一中国的大业后，认为大势已定，便贪图享乐，并逐渐变得昏庸腐败起来。始皇三十一年（公元前 210 年）七月，秦始皇病逝后，胡亥即位，是为二世皇帝。二世皇帝更加昏庸无道，不理朝政，使奸臣当道，民不聊生，因而导致了秦末有名的陈胜、吴广领导的农民大起义。

秦二世元年（公元前 209 年），贵族出身的项羽（名籍，字羽，下相即今江苏宿迁县人，生于公元前 232 年，卒于公元前 202 年）随从叔父项梁在富地起事。钜鹿之战摧毁了秦军主力，秦亡后自立为西楚王。

秦将章邯在钜鹿大败后，逃进了钜鹿南边的大本营，项羽便准备乘胜追击，一举全歼。范增劝项羽说："我们已经大战了三天，人困马乏，不宜继续出击。要想办法让赵高逼迫章邯，使章邯在进退两难之际投降楚军。"于是，项羽听从了范增的计策，派人到咸阳城里到处散布说楚军大胜，秦军大败，章邯已经逃跑。昏庸的秦二世听到这个消息后，便下诏派人去查问章邯："为何30万大军还打不过楚军？"章邯对此非常害怕，同时又非常气愤，便让司马欣到咸阳向秦二世申诉实情。结果司马欣差点被赵高砍了脑袋。司马欣逃回来后便劝章邯说："赵高弄权，独断专行，陷害忠良，我们在他手下也真是太憋气了，我们打胜了，他妒嫉；打败了，他惩办我们。无论胜败，都逃不过他的手心，哪里有我们的出头之日？将军还是另想办法吧！"章邯正在进退两难的时候，他收到了赵将陈徐给他的一封信，信中说："给秦二世这样的昏君卖命，为赵高这样的奸臣出力，终究免不了一死，还兴许灭门九族。倒还不如同诸侯联合起来，共同对付秦国，为天下除害，将军还可以封王裂土。"信中还劝他权衡利弊得失，尽快做出决断，决定归附去向。此时，章邯进退维谷，不知所措。加上接连打了败仗，被楚军追得落花流水，处在岌岌可危的境地。无奈，只得派与项羽有恩的司马欣去同项羽讲和。

项羽的叔父项梁是被章邯杀害的，从此，同项羽结下仇冤。所以，开始项羽说什么也不愿意同章邯讲和，加上当时章邯已经处于非常不利的境地，随时都有可能被项羽所击败。但是，项羽又认识到，自己虽有拔山之力，威武无双，但是，至今未能进关得以封王，其主要原因就是因为章邯大军的阻挡。现在，章邯被秦二世和赵高逼得无路可走，万般无奈才想归降楚军，如果不予接纳的话，那么就有可能投奔其他诸侯。另外，章邯是秦国的主将，其他秦将都将眼睛看着他，他一归顺，其他秦将也就容易征服了。如果楚军接纳章邯，他就一定感激楚军，为楚军出力。再者，项羽感到这次率兵出师已经时间很长了，征战无数，人困马乏，并且粮草也欠充足，如果继续打下去，只能越来越艰难。同时，项羽还认识到，作为一个有志向的男子汉大丈夫，就得忘却私仇，心胸阔大，宽以待人。想到这里，项羽果断地告诉司马欣说："章邯杀了我叔父，是我的仇人，我本想杀了他，怎么能够和他讲和呢？可是我知道替叔父报仇是我个人的私事，消灭秦国，国家用人是天下的公事。我决不能因私害公，所以我决定出于公心同章邯讲和，只要他真心归顺，我一定以诚相待，决不因私害公。请他过来吧！"可是，司马欣又吞吞吐吐地说："章邯的罪太大了，万一他投奔将军你，你不能宽容他，他不是自寻死路吗？请你给我们一个凭证。"项羽听后哈哈大笑，豪爽地说："大丈夫一言既出，驷马难追，岂能反悔？既然如此，那么就请你们到洹南，咱们订立盟约，这样好吧？"于是，项羽和秦将章邯、司马欣、董翳等在洹南订立了盟约。然后章邯才投降楚军，拜见项羽。章邯痛哭流涕地说："我章邯罪该万死，承蒙将军收留，我决心听从将军的指挥，虽赴汤蹈火亦万死不辞，可是上次在定陶……"项羽听了挥了下手说："咱们不提旧账，过去的事情还提它干什么？只希望将军以后能与我同心协力，共同为天下除害。"接着，项羽就封章邯为雍王，把他留在楚宫里，封司马欣为秦军上将军。司马欣带着投降的20万秦军打头阵，项羽带着章邯并率领着楚军和各国诸侯的所有将士，浩浩荡荡地向西进发，直捣秦朝都城咸阳，所到之处，所向披靡。

# 商汤王用人不疑

汤是商朝的建立者，子姓，原名履、天乙，卜辞中称太乙、高祖乙和唐，灭夏后亦称武汤、成汤或成唐，又称殷汤。他是上古帝舜时契的后人，始居亳。为夏朝的方伯，主管征伐。他大胆从奴隶中选拔贤士伊尹为相，勤政修德，并以吊名罚罪为名，先后消灭葛、昆吾、韦、顾等小国。当时夏桀无道，虐政淫荒，他举兵讨伐，灭夏，将夏桀放逐南巢。商朝建立后，他作《汤诰》告诫诸侯国勤于民事，为民立功，发展生产。

伊尹是商朝的大臣，名阿衡。初曾经是有莘氏的奴隶，以滋味说汤晓以王道，得到汤的赏识，提拔为商国相。他为相后，辅佐汤伐桀灭夏，综理国政，历事汤、外丙、中壬三代商王。中壬死后，子太甲立。太甲无道，他将太甲放逐至桐宫。三年后，太甲悔过，他才迎太甲回朝主持国政。他死后，商王以天子礼葬于亳，孟子称他为圣之任者。

伊尹出身低贱，但却有贤才。商汤不以门第之见，大胆起用伊尹的故事。故事说，伊尹名叫阿衡，他知道汤是一个英明的君主，很想见到他，向他提出自己的治国主张，但是一直没有机会。为了见到汤王，伊尹充当了汤妃有莘氏的陪嫁奴仆来到了汤的身边。他借供给汤王饮食的机会，用调味作比喻向汤王陈述了治国安邦之道。还有的传说，伊尹本是一个处士，派人送聘礼聘请他，一连去了五次他才答应了。他向汤陈述了古代三皇五帝和夏禹治理国家的道理。汤就任用他来治理国家。后来，汤见伊尹确是治国安邦的大才，就把他推荐给夏桀，想为复兴夏王朝出一点力。伊尹离开汤去见夏桀，多次向夏桀谈论治国之道，却不被采用，反而受到冷落。伊尹感到受了莫大的侮辱，又回到了汤的身边，决心辅助汤王。

当时，由于夏桀荒淫暴虐，诸侯昆吾氏发动叛乱。汤按照伊尹的主意，先后率领诸侯发兵攻打昆吾。伊尹也随军帮助指挥，汤身先士卒，冲锋在前，英勇奋战，很快就打败了昆吾，平定了叛乱。然后，又一鼓作气直奔夏朝首都，摧毁了夏军营垒。夏军大败，夏桀逃亡到了鸣条。至此，夏朝的统治土崩瓦解。为此，义伯、仲伯二臣写了一篇文章《典宝》来歌颂汤王。汤胜夏后，伊尹执政。在伊尹的治理下，商王朝逐渐兴旺，于是诸侯臣服，汤登天子位，天下太平。

# 魏文侯尊贤任能

周威烈王二十三年（前403），已经瓜分了晋国的韩、赵、魏三家得到了周天子的册命，代之现在的是韩、赵、魏三个新兴的国家。在魏国，促成这一历史性转变的国君，是魏文侯。这一年，他已经执政二十二年了。此后，他在位十六年，继续推行改革措施，使魏国的经济得以迅速发展，国力逐渐强大，成为战国初年一个强盛的封建国家。在这个改革图强的过程中，尊贤任能对魏国的繁荣起了重大作用。

魏文侯尊贤至诚。他的老师田子方认为："诸侯而骄人则失其

陈居中《文姬归汉图》

国，大夫而骄人则失其家。"魏文侯对此深信不疑。

是贤人就尊重，就是拒绝做官也照样礼敬。传说魏文侯见段干木，谦恭请教，"立倦而不敢息"。他的这种行为，受到了国人的好评，"相与诵之曰：'吾君好正，段干木之敬；吾君好忠，段干木之隆。'"同时也使敌国感到害怕，秦兴兵欲攻魏，可马唐谏秦君曰："段干木贤者也，而魏礼之，天下莫不闻，无乃不可加兵乎！"秦以为然，乃按兵辍不敢攻之。因此后人甚至把魏文侯礼待段干木看成是"善用兵"，说他"莫见其形，其功已成"。

魏文侯尊贤并不是做做样子，而是实实在在按才任用。他任人的最大特点是用其所长，用而不疑。

吴起是当时著名的军事家，但并不是一个完人。他在鲁国任将军，因齐国攻打鲁国，鲁国打算任命他为抗击齐国的主帅。但吴起的妻子是齐国人，所以鲁国议而不决。于是吴起就杀了妻子，"以明不与齐也"，"鲁卒以为将，将而攻齐，大破之"。虽然取得了胜利，却招来了一大堆闲话。吴起受不了鲁君的猜疑，就投奔到了魏国。

文侯问李克曰："吴起何如人哉？"李克曰："起贪而好色，然用兵司马穰苴不能过也。"

大约李克也听信了关于吴起的闲言碎语，说他"贪而好色"，但并不因此而抹煞他的军事才能。魏文侯亦不计较吴起的"缺陷"，以吴起为将，"击秦，拨五城"。后来吴起用事实纠正了对他的一些不公正看法。他为将，"与士卒最下者同衣食，卧不设席，行不骑乘，亲裹赢粮，与士卒分劳苦"。终于使魏文侯认识到他不仅"善用兵"，而且"廉平，尽能得士心"。于是任命他为西河守，"以拒秦、韩"。

魏文侯用人诚信不疑。乐羊是魏国一位能干的大将。魏文侯令乐羊为将攻伐中山国，攻了两年多居然未下，引得朝中官员议论纷起。有的说乐羊的儿子乐舒是中山国的宠臣，乐羊哪里会破国毁子呢？有的甚至说乐羊与中山国暗中一定有勾结，不然以乐羊的本领哪里会连一个小小的中山国也久攻不下呢？可魏文侯对乐羊的信任始终不动摇。不久，乐羊置自己的儿子的请求于不顾，攻破了中山国。原来，乐羊久围而不攻，为的是孤立无道的中山国国君姬窟，不忍城中百姓遭难。当乐羊凯旋回国之时，"文侯示之谤书一箧"。乐羊被魏文侯信己不疑的诚心所感动，"再拜稽首曰：'此非臣之功也，主君之力也'"。

魏文侯尊贤任能、用人不疑，使他在当时获得了很高的声望。一大批人才都涌向魏国。在子夏、出子方、段干木、吴起、李悝、西门豹等政治、军事人才的帮助下，开创了魏国历史最为辉煌的时代。

# 唐高祖任人唯贤

李渊是唐朝帝国的开国皇帝，字叔德，祖籍赵郡人，出生于公元566年，卒于公元635年，武德元年（公元618年）灭隋建唐，武德九年（公元626年）禅位做太上皇，在位8年，卒年70岁。

唐高祖李渊为了加强自己的统治地位，采取了既往不咎、化敌为友的策略，使曾经反对过自己的人反过来为自己效力，从而把许多人才志士吸收到了他的营垒之中。如唐高祖手下有一员大将名叫李靖（别名药师，生于公元571年，卒于公元649年，原来是隋朝的马邑郡丞。在唐高祖李渊起兵反隋之前，李靖就早已发觉了唐高祖李渊这一意向，便向隋炀帝告密。从而使隋炀帝为防李渊起兵反隋做了准备。后来，唐高祖李渊攻克长安以后，要把李靖杀掉。结果发现李靖是一个很有才华的人，就将他放了。唐太宗李世民也和其父李渊一个观点，认为李靖是个难得的人才，于是把李靖召入幕府。武德二年（公元619年），唐高祖李渊命令李靖从四川沿江东下攻打萧铣。由于李靖进军迟缓，唐高祖就命硖州都督许绍将他斩首。但许绍非常爱惜李靖的才能，便为他请命，使李靖得到了唐高祖的赦免。过了不长时间，开州蛮首冉肇则反叛，率领军队占领了夔州，赵郡王孝恭没有能够抵挡住冉肇则的进攻，败下阵来。这时，李靖率领8百多名士兵，夜袭冉肇则的军营，冉军大败。李靖又在险要之处设下埋伏，当冉军经过此处时，李靖一马当先，与冉军激战。经过几个回合，李靖就把冉肇则的脑袋砍下，并俘虏冉军500多人，大胜而归。李靖立了战功，高祖非常高兴地对公卿们说："朕听说使用有功的人不如使用有过失的人，李靖就是一个例证。"随后，高祖又召见李靖，对他说："卿为朕竭尽全力，荣立赫赫战功，朕永远不忘，一定会重赏卿的忠君之诚，使卿过上富贵荣华的生活。"唐高祖没有忘记自己曾经下令杀掉李靖，他怕李靖因此而结成见，所以又向李靖表示："既往不咎，过去的事我早已忘记。"唐高祖说到做到，于是他便重用提拔了李靖。

唐高祖李渊做为一个封建帝王，他在起兵反隋、夺取政权、巩固政权过程中，充分认识到了人才所起的重要作用。如果没有一大批具有真才实学、善谋善战，而且德才兼备的各类人才，夺取政权将是一句空话，巩固政权更是无从谈起。同时，唐高祖李渊坚持用人不计前嫌，对于过去曾经反对过自己的人，以及曾经有过失的人，只要改正，一律既往不咎。他重用李靖就是一个例证。由于高祖李渊宽宏大量，任人唯贤，使原来处于敌对方面的有用人才进入了他的集团，从而扩大了力量，为其夺取政权、巩固政权发挥了巨大的作用。

# 太宗任用房玄龄

房玄龄是唐太宗贞观年间（公元 627 年—公元 649 年）的第一名相，被太宗视为"左右手"。史书记载："玄龄当国，夙夜勤强，任公竭节"，"不以己长望人，取人不求备，虽卑贱皆得尽所能"。

太宗即位后，以房玄龄为中书令。论功行赏，又以房玄龄、杜如晦、长孙无忌、尉迟敬德等为第一，不问资历、亲疏，唯以功绩、贡献为标准。太宗的叔父淮安王李神通，最先响应李渊，举兵反隋，可后来"未尝躬行阵营"，又有重要征战的失误。而房玄龄等虽为"刀笔吏"，却有"决胜帷幄、定社稷"之功。尽管太宗叔父李神通、将军丘师利等一批战将不服，太宗仍然劝说叔父"不可缘私与功臣竞先后"，李神通未能功居第一。众战将见太宗用人"不私其亲"，不问资历，更加勤奋习武，争立战功。

贞观三年（公元 629 年），房玄龄为尚书左仆射，夙夜尽心，惟恐一物失所。太宗委房玄龄以重任的同时，又非常关心尚书省的政务。一天，太宗对房玄龄等人说："公为仆射，当广求贤人，随才授任，此宰相之职也。比闻听受辞讼，日不暇给，安能助朕求贤乎？"在指出房玄龄等埋头琐务而忽略求贤之后，为避免左、右仆射为琐事纠缠，太宗下敕规定：尚书省细务，专由左、右丞处理，"唯大事应奏者，乃关仆射"。这中间既明确了宰相的主要职责，又从制度上作出规定，反映了太宗用人，不仅倚重信任，而且关心爱护。

贞观后期，太宗在用人问题上仍然有十分可取之处。本来，广开言路、鼓励直谏，都是为了听取有益意见、招揽贤才。可到后来，渐渐被扭曲为"讦人细事"，甚至成为告密的手段。对此，太宗始终都保持着比较清醒的头脑。贞观十年（公元636年）起，他不断强调："自今复有为此者，朕以谗人罪之。"贞观十九年（公元645年），太宗亲征高丽，命太子监国，房玄龄留守京师，一切大事皆可独自处理，无须奏请。太宗远离京城后，一天，一个男子自称有紧要之事上告，被送到房玄龄这里。房玄龄问他告什么，来人说我就告你。房玄龄听说告自己，立即将此人通过驿站快速送往太宗行在。太宗问他告谁，他说告房玄龄，太宗二话没说，命将此人就地处决。然后，下诏批评玄龄："公何不自信！"到贞观二十年（公元646年），连元老重臣也向太宗进言，说房玄龄与其他宰相"朋党不忠，执权胶固"，只不过还没有反，所以"上不详知"。太宗严厉批评了他们，再次表示自己用人的态度：

人君选贤才以为股肱之膂，当推诚任之。人不可以求备，必舍其所短，取其所长。

# 赵匡胤放手用人

赵匡胤是开大宋基业的太祖皇帝（生于公元927年，卒于公元976年，河涿州人）。他一生的大部分时间是戎马生涯，然而，他当了皇帝之后，尤其是在巩固大宋政权的过程中，非常注重发挥人才的作用，能够充分信任他们，放手使用他们。因此，他又成了一个善于以文治国的政治家。

建隆二年（公元961年），宋朝山西巡检使郭进在汾西大败北汉军队，获得无数战利品。郭进一向以军令威严著称。太祖每次给他派兵将时，都告诉这些兵将说："你们在郭进那里干事要谨公守法，听从军令。一时有了过失，我可以赦免你们，可郭进则要杀你们的头啊！"

有一次，曾经有个军校向朝廷诬告郭进不按军法从事，乱施淫威。太祖查问后，知其诬告，便把这个军校交给郭进，让郭进杀他。当时，正值北汉的军队侵犯宋朝，郭进便对那个军校说："你竟敢到朝廷上议论我的过失，确实胆子不小，今天饶你不死，你若能杀败眼前这股进犯的北汉兵，我就向朝廷保举你做官。"那个军校听了郭进的话后，立即披挂上马，冲向敌阵，他奋力拚杀，结果大捷而归。郭进果真把这件事写成奏折上奏朝廷，请求给这个军校授以官职。宋太祖看了郭进的奏折后说:"他陷害我忠良之臣,仅凭这点功劳就能赎罪吗?"于是又把那个军校送给郭进,郭进又一次为其请求说:"如果皇帝使我失信于人,那么,我就不能再用人为将了。"太祖听后,便答应了郭进的请求。

开宝三年(公元 970 年),隰州刺史李谦溥任济州团练使。在李谦溥守隰州的 10 年时间里,敌人不敢进犯边境。在李谦溥的军中,有一个叫刘进的将士,勇力过人,能征善战,是李谦博的一个得力的将官。刘进常常率领很少的将士抗击为数很多的敌人,而且每战必胜,每攻必克,北汉军队为此非常伤脑筋。因此,北汉为了消除危害,便使用反间计,派人做成一个假书信,放在蜡丸中,故意丢失在宋军来往的通道上。

有人拾到这封假信后,交给了晋州节度使赵赞,赵赞便上报朝廷。宋太祖便命人将刘进拘捕关押起来。李谦溥问刘进有无反叛朝廷这件事,刘进矢口否认,但又有口难辩,只有请求一死,以示其清白。李谦溥非常了解刘进,于是他上书太祖说:"刘进作战勇敢,忠贞不二,此事实为北汉人所惧怕刘进,所以才使出此反间之计,请皇帝明察。我愿以全家 40 条人命作担保,刘进是清白的。太祖查清情况后,立即放了刘进,并赐给他禁军都校戎帐服具。刘进感激涕零,愿以生命报效皇恩。

# 孟尝君知人善任

战国时齐国的孟尝君田文虽以善于养士著称,但他最初也并非来者不拒,对不太喜欢的士,他也常逐之。后来,经过鲁仲连的劝说,他才真正懂得了用人不拘一格的道理。

一次,孟尝君要驱逐一位不喜欢的食客,正巧遇到好友鲁仲连,鲁仲连对他讲了一番十分耐人寻味的话,使他改变了主意。鲁仲连说:"猿弥猴错木据水,则不若鱼鳖;历险乘危,则骐骥不如狐狸。曹沫之奋三尺之剑,一军不能当;使曹沫释三尺之剑,而操铫镰与农夫居垅亩之中,则不若农夫。故物舍其所长,取其所短,尧亦有所不及矣。今使人而不能,则谓之不肖;教人而不能,则谓之拙,拙则罢之,不肖则弃之,使人有弃逐,不相与处,而来害相报者,岂非世之立教首也哉!"他这段话的大意是,人都是各有所长，亦有所短，若弃长取短，人人都成了愚人；若用其所短，就更为不智。鲁仲连的一番话，说得孟尝君茅塞顿开，不再驱逐那位食客。从此，更加广泛地延揽士人，不拘一格，来者不拒，各种人才都奔走于他的门下，为他所用。

何孔德《宁冈会师》

　　齐湣王二十五年（公元前 277 年），孟尝君应秦昭王之邀，入秦，秦昭王准备任命他为相国。有人劝秦昭王说："孟尝君贤，而又齐族也，今相秦，必先齐而后秦，秦其危矣"。秦昭王因此没有任命，并且把孟尝君囚了起来，企图将他杀死。孟尝君知道后，派人请求秦昭王的宠姬帮助，这个宠姬说："妾愿得君狐白裘。"孟尝君曾有一件狐白裘，价值千金，天下无双，但刚到秦国时，他便献给了秦昭王，再也没有了。在这个关键时刻，他的食客起了作用。孟尝君忧心忡忡，问门客怎么办，大家都无言以对，唯有一个在下座、能作狗盗的人说："臣能得狐白裘。"于是，他在半夜中学狗叫入秦宫，盗取了孟尝君所献的狐白裘，转手献给了秦王宠姬。孟尝君因此被秦昭王释放，他当即便打点行装，改变姓名逃奔齐国，半夜时分到达函谷关（今河南灵宝北）。秦昭王放走孟尝君后，又有些后悔，派人骑快马传令各关口，勿放孟尝君出逃。秦国有一条法令，到鸡鸣时才能开关放人过境，孟尝君唯恐追兵赶上，急于出关，问门客有何办法，有一门客当即回答说，他能学鸡鸣，愿效力。此人一鸣，众鸡齐鸣，守关者一听鸡鸣，立即开关放人，孟尝君一行人得以出关。走了没有一顿饭的功夫，秦使者来到关前，听说孟尝君已出，只好回去复命。孟尝君得以返回齐国。

　　这就是鸡鸣狗盗各有所用的故事，它说明，用人要不拘一格，凡有一技之长者，都可以在一定的时间发挥自己的特长。鸡鸣狗盗虽为世人所鄙，但在关键时刻，却起到了其他人无法起到的作用。若能懂得其中的道理，便不会有无人可用的感叹。

# 安陵君任用良臣

秦在相继灭掉韩、魏两国后，便想侵吞安陵国（当时的一个小国，原是魏国的附庸，魏襄王封其弟为安陵君。安陵即现在的河南鄢陵县西北）。于是，秦王政派人对安陵君说道："我愿用五百里土地交换安陵，安陵君，你可要同意我的意见啊！"安陵君回答道："大王给我这样大的恩惠，用大块的土地换取小小的安陵，这是非常好的事情。虽然这是件好事，但是，安陵是我从先王那里继承来的，我愿意终身守护它，不敢同你交换！"秦王政很不高兴。为了消除秦王换取安陵的念头，安陵君就选派大臣唐雎出使秦国。

唐雎接受诏令到秦国后，秦王对唐雎说："我用五百里的土地换取安陵。安陵君却不听我的意见，这是为什么呢？而且秦国早已灭掉了韩、魏两国，安陵国能够凭借五十里的地方存在至今，是由于我认为安陵君是一个忠厚的长者，所以才没有打他的主意。现在我用十倍的土地交换安陵，是想让安陵君扩大领土，然而安陵君却不识好歹，不接受我的要求，这是看不起我吧？"唐雎回答说："不对，安陵君是继承先王之地而把它守护着，即使你用千里之地他也不敢交换，岂但五百里呢？"

秦王听后大怒，对唐雎说："你见过天子发怒吗？"唐雎回答说："臣没有见过。"秦王说："天子一发怒，可以使上百万的人死亡，血流千里。"唐雎说："大王你见过老百姓发怒吗？"秦王政冷笑说："老百姓发怒，也只不过是摘掉帽子，脱掉鞋子，把头往地上撞罢了。"唐雎非常严肃地说："你说的只不过是平庸无能之辈的人发怒罢了，并非有本领，有胆量的人之怒。专诸刺杀王僚的时候，扫帚星冲击月亮；当聂政刺杀韩傀的时候，一道白光直冲太阳；要离刺庆忌时，苍鹰在宫殿上扑击。这三个人都是老百姓中有本领有胆识的人啊！心里的愤怒还未发作出来，上天就降出吉凶的征兆，他们三人再加上我将成为四个了。如果你一定要激怒我，咱们两人就将会一块死亡，血流于五步之内，天下人今天都要穿起孝服。"于是拔剑而起，走向秦王。

秦王见到这种情景，顿时脸色大变，立即跪立着向唐雎道歉说："唐先生请坐，怎么能够这样呢？有事好商量。我现在明白了，韩、魏两国被灭亡，而安陵仅凭五十里的土地能存在到如今，只因为有唐先生这样有胆有识的栋梁罢了。"

唐雎有勇有谋，能言善辩，是一个优秀的外交人才。安陵君知人善任，委派唐雎出使秦国，用才十分得当。唐雎出使秦国而不辱使命，使秦国不能吞并仅有 50 里土地的小国安陵。如果安陵君不能知人善任，重用唐雎，并委派他为出秦使者，那么，安陵也就只能被秦鱼肉刀俎了。

# 刘邦用贤得天下

汉高祖刘邦（公元前 259 年—公元前 210 年）击败项羽当上皇帝后，在洛阳南宫中举行庆功宴时，他询问群臣说："各路诸侯将军，我之所以能够得天下的原因是什么？项羽之所以失去天下的原因又是什么？"高起、王陵回答说："从表面上看，虽然陛下对人傲慢无礼，而项羽对人仁爱、恭敬，但是，陛下派人攻城略地，所夺得的城邑和土地都用来封赏有功之人，与天下的人共享胜利果实。而项羽却是嫉贤妒能，加害功臣，怀疑贤良，胜利不给有功者记功，得地不给有功者奖赏，这就是他所以失去天下的重要原因。"高祖刘邦说："你们只知其一，不知其二。运筹帷幄之中，决胜于千里之外，我不如张良；安邦定国，抚慰百姓，保证前方粮草物资的供应，我不如萧何；统率百万大军，冲锋陷阵，每战必胜，每攻必克，我不如韩信。这三个人是当今豪杰，我能重用他们，发挥他们的聪明才智，这就是我能得天下的根本原因。项羽只有一个范增，尚且不能重用，这就是他所以被我消灭的原因。"

刘邦认为，张良、萧何、韩信三人是当今豪杰，也是他建功立业、改朝换代、夺取政权的得力助手。事实正是如此，刘邦在其夺取政权过程中，正是由于能够正确使用他们，充分发挥他们的聪明才智，才能使他很快打败了比他实力雄厚的项羽而建立了汉王朝。张良（？—公元前 185 年，出身于韩国贵族，他为了复韩反秦，曾经结交刺客，狙击秦始皇于博浪沙（今河南原阳）。传说他在下邳（今江苏邳县）曾遇黄石公，得《太公兵法》。在楚汉战争期间，他曾向刘邦提出不立六国后代，联结英布、彭越、韩信等策略，又主张追击项羽，彻底消灭楚军等谋略，均为刘邦所采纳。结果，项羽四面楚歌，自刎乌江，使刘邦得以建立汉朝。萧何（？—公元前193年），出身为沛县吏，曾辅佐刘邦起义。当起义军进入咸阳时，他及时取出秦朝政府的律令图册，很快熟悉了全国的山川险要、郡县户口等情况，楚汉战争期间，他推荐韩信为大将，自己以丞相身份留守关中，输送士卒粮饷，支援前线作战。在刘邦战胜项羽的过程中，起了重要的作用。韩信（？—公元前196年），出身贫贱，初为流浪汉，曾寄食于人下。他归依刘邦为大将后，用兵如神，多多益善，在荥阳、成皋之战中屡建战功。后又在垓下（今安徽灵璧南）大败项羽，使刘邦取得了决定性的胜利。刘邦在夺取政权后，不把建立政权的功劳记在自己身上，而是能够充分肯定"三杰"的重要作用，这一点是十分难得可贵的，值得人们借鉴。

在用人问题上，刘邦能够做到量才而用，既不计较人才的出身和阅历，也不要求他们都是全才，而是能够扬长避短，适才而有。这是他之所以能够战败项羽、夺取政权的主要原因。他所起用的人才，来自社会各个阶层。如张苍曾是秦王朝典掌文书档案的御史；孙叔通是秦王朝皇帝顾问的博士；曹参是沛县小吏；樊哙是宰狗的屠夫；夏侯婴是马车夫；周勃以编席为业兼当吹鼓手；灌婴是布贩子；娄敬是推车脚夫；郦食其是个穷书生；彭越、黥布曾是强盗。再如陈平曾是魏王咎的太仆，后随从项羽入关任都尉，他出身贫穷，并有"盗嫂受金"之疑，陈平投奔刘邦后，被任为护军中尉之职。他曾建议刘邦用反间之计，使项羽不用范增，并以爵位笼络大将韩信，为汉王朝的建立做出了重大贡献。大将韩信曾寄食于漂母之家，并受"胯下之辱"。然而，刘邦并未歧视他们，而是量才使用，使他们各自发挥应有的作用。这些表明，刘邦确实善识大才，用人如器，取其所长，避其所短。所以，在刘邦的左右，文臣如雨，猛将如云，形成了一个由不同人才组成的人才群体和综合性的政治、军事集团，为创建汉王朝的霸业尽职尽责。

第七篇　处世卷

# 咀嚼菜根

## 圣人为善　性分之内

**【原文】**　被发于乡邻之斗，岂是恶念头？但类于从井救人矣。圣贤不为善于性分之外。

**【译文】**　头发也来不及梳理，就赶快去解决乡邻之间的争斗，这难道是坏念头吗？但这和跳到井中去救人一样，是不能达到目的的。圣贤做善事也不做那些本分之外的事。

## 存心定性　当事处物

**【原文】**　士君子终身应酬不止一事，全要将一个静定心，酌量缓急轻重为后先。若应辔谲情，处纷杂事，都是一昧热忙，颠倒乱应，只此便不见存心定性之功、当事处物之法。

**【译文】**　士君子终身应酬的不只是一件事，就全靠有一个安静稳定的心情，酌量缓急轻重来决定先处理还是后处理。如果碰到纠葛的事情、处理纷杂的事务，都热心忙活一通，胡乱应承，只这点就看不到有存心定性的工夫、遇事处物的方法。

# 圣人同凡　自有妙处

【原文】　儒者先要个不俗，才不俗又怕乖俗。圣人只是和人一般，中间自有妙处。

【译文】　儒者先要不俗，才不俗又怕背离了习俗。圣人只是和一般人一样，这其中自有巧妙的地方。

# 真善在我　毁誉无干

【原文】　处毁誉要有识有量，今之学者尽有向上底，见世所誉而趋之，见世所毁而避之，只是识不定。闻誉我而喜，闻毁我而怒，只是量不广。真善恶在我，毁誉于我无分毫相干。

【译文】　处理诽谤和赞誉要有见识有雅量。现在的学者尽管有向上的，但看见世人所称赞的事就趋向之，看到世人所诽谤的事就躲避开，这样做只能说没有一定的见识。听到人家称赞我就高兴，听到诽谤就发怒，只说明气量太窄。是真善、是真恶，我自己心中明白，诽谤或赞誉和我分毫不相干。

王云《山水图》

## 接人要和　处世要精

【原文】　接人要和中有介，处事要精中有果，认理要正中有通。

【译文】　待人要和气中有耿介，处事要精明中有果断，认理要正确中有通达。

## 忠告善道　不可则止

【原文】　责人要含蓄，忌太尽；要委婉，忌太直；要疑似，忌太真。今子弟受父兄之责也，尚有所不堪，而况他人乎？孔子曰："忠告而善道之，不可则止。"此语不止全交，亦可养气。

【译文】　责备人要含蓄，忌太严；要委婉，忌太直；要疑似，忌太真。现在子弟受到父兄的责备，还觉得受不了，何况他人呢？孔子说："忠告而善道之，不可则止。"这话不只可以保全交情，也可以涵养气质。

## 祸见辞色　耻见恩状

【原文】　祸莫大于不仇人而有仇人之辞色，耻莫大于不恩人而诈恩人之状态。

【译文】　祸莫大于不仇恨别人而表现出仇恨的言辞脸色，耻莫大于对人无恩而装出恩人的状态。

## 退者得道　进者失助

【原文】　柔胜刚，讷止辩，让愧争，谦伏傲，是故退者得常倍，进者失常倍。

**【译文】** 柔弱能胜刚强，少言能止辩口。退让能愧争夺，谦逊能伏傲慢，因此谦退的人得到的常常加倍，而躁进的人失去的常常加倍。


# 诚信所在　岂有造作

**【原文】** 中孚，妙之至也，格天动物不在形迹言语事为之末，苟无诚以孚之，诸皆糟粕耳，徒勤无益于义。鸟抱卵曰孚，从爪从子，血气潜入，而子随母化，岂在声色？岂事造作？学者悟此，自不怨天尤人。

**【译文】** 中孚，即诚信无所不在。《易经》的这一卦，是非常妙的啊！格天动物，不表现在形迹、语言、做事这些末节上，如果没有诚意而使人信服，这些表现在形迹上的东西只是糟粕而已，徒有辛苦而于义无益。鸟孵卵叫孚，孚字爪子二字组成，血气潜入，子随母化，岂有声色？岂有造作？学者体悟到这点，自然就不会怨天忧人了。


# 沉静得之　衡定能称

**【原文】** 应万变，索万理，惟沉静者得之。是故水止则能照，衡定则能称。世亦有昏昏应酬而亦济事，梦梦谈道而亦有发明者，非资质高，则偶然合也，所不合者何限"。

**【译文】** 应万变，求万理，只有沉静的人才能得到。因此水在静止时则能照物，称在平衡时才能称物。世上也有昏昏应酬也成功了的，有胡乱谈道也有所阐明的，这不是资质高，而是偶然相合，但不合于理者就不可胜数了。


# 处世之道　避人短处

**【原文】** 祸莫大于不体人之私而又苦之，仇莫深于不讳人之短而又讦之。

**【译文】** 祸莫大于不体谅别人内心的隐秘，还要增加他的苦恼；仇莫深于不避讳别人的短处，还要进行揭发攻击。

# 不怕日密　只愁事疏

**【原文】** 不怕千日密，只愁一事疏。诚了再无疏处，小人掩著，徒劳尔心矣。譬之于物，一毫欠缺，久则自有欠缺承当时。譬之于身，一毫虚弱，久则自有虚弱承当时。

**【译文】** 不怕千日密，只愁一事疏。诚了就不会有疏失处，小人遮掩着，只是徒费心思而已。譬如物品，只要有一毫欠缺，欠了自有欠缺承当的时候。譬如身体，只要有一毫虚弱，久了自有虚弱承当的时候。

# 谦忍俭朴　尊富之道

**【原文】** 谦忍皆居尊之道，俭朴皆居富之道。故曰卑不学恭，贫不学俭。

**【译文】** 谦虚忍让是居于尊位的人的处世之道，节俭朴素是居于富位的人的处世之道。所以说处于卑下地位不要学恭敬之态，处于贫贱的境地不要学俭朴之态。

# 所概一分　足以成事

**【原文】** 豪雄之气虽正多粗，只用他一分便足济事，那九分都多了，反以债事矣。

**【译文】** 豪雄的气概虽然很正，但往往比较粗，只使用其气概中的一分便足以成事，剩下的九分都是多余的，用了反而会坏事。

# 君子处事　仁字当先

**【原文】**　君子不受人不得已之情，不苦人不敢不从之事。

**【译文】**　君子不接受别人不得已之情，不强迫人做不敢不服从的事。

# 君子之人　慎其激者

**【原文】**　水激逆流，火激横发，人激乱作，君子慎其所以激者。愧之则小人可使为君子，激之则君子可使为小人。

**【译文】**　水一激就要逆流，火一激就要横发，人一激就要作乱，所以君子对待激发的事要慎重。使人感到惭愧，小人可以变成君子；如果去激他，君子可以成为小人。

# 正事忍难　事后悔难

**【原文】**　事前忍易，正事忍难；正事悔易，事后悔难。

**【译文】**　事前忍耐容易，事情进行中忍耐就困难；事情进行中反悔容易，事后再反悔就难了。

# 说法千种　道理惟一

**【原文】**　说尽有千说，是却无两是。故谈道者必要诸一是而后精，谋事者必定于一是而后济。

**【译文】**　说法尽管有千种，正确的道理却只有一个。因此谈论道理的人必须紧紧抓住一个正确的道理才能更加精深，计划事情的人必须确定一个正确的方案才能获得最后成功。

# 全慎全得　全忽全失

**【原文】**　世间事各有恰好处，慎一分者得一分，忽一分者失一分，全慎全得，全忽全失。小事多忽，忽小则失大；易事多忽，忽易则失难。存心君子自得之体验中耳。

**【译文】**　世间的各种事情都有各自的恰好处，谨慎一分就能得到一分，疏忽一分就会失去一分，全都谨慎就会全部得到，全部疏忽就会全部失去。在小事上，多会产生疏忽，疏忽了小的就会失去大的；在容易的事上，多会产生疏忽，疏忽了容易的就会失去难得的。用心思考的人自然会从自身的体验中领悟到这个道理。

# 入乡随俗　不会违背

**【原文】**　到一处问一处风俗，果不大害，相与循之，无与相忤。果于义有妨，或不言而默默转移，或婉言而徐徐感动。彼将不觉而同归于我矣。若疾言厉色，是已非人，是激也，自家取祸不惜，可惜好事做不成。

**【译文】**　到一处问一处风俗，就不会有大的害处，就可以入乡随俗，不会违背。如果对义有妨害，或者不说而默默加以转移，或者婉言相劝使其慢慢感动。对方会在不知不觉中同意我。如果疾言厉色，是己非人，是激他的做法，自己受祸还不足惜，可惜的是好事做不成。

# 独自觉断　不必观望

**【原文】**　事有可以义起者，不必泥守旧例；有可以独断者，不必观望众人。若旧例当、众人是，莫非胸中道理而彼先得之者也。方喜旧例免吾劳，方喜众见印吾是，何可别生意见以作聪明哉！此继人之后者之所当智也。

**【译文】** 事有为了义而做的，这时就不必拘泥于旧例；有可以独自决定的，就不必观望众人。如果旧例确实妥当，众人确实正确，只不过是我胸中的道理别人先明白罢了。这时正高兴旧例可以免得我再去思考的劳累，正高兴众见可以印证我的意见的正确，哪还能再生出别的意见自作聪明呢！这是继承别人事业的人应当知道的。

# 遵循常道　安往而言

**【原文】** 卜筮以龟筮为重，故必龟从筮从乃可言吉。若二者有一不从，或二者俱不从，则宜其有凶无吉矣。乃洪范稽疑之篇，则于龟从筮逆者，仍曰作内吉。从龟筮共达于人者，仍曰用静吉。是知吉凶在人，对人之垂戒深矣。人诚能作内而不作外，用静而不用作，循分守常，斯亦安往而不吉载！

**【译文】** 在古代占卜，是以龟甲和蓍草为主要的工具，因此，一定要龟卜及筮占皆赞同，一件事才可称得上吉。如果龟和蓍中有一个不赞同，或是两者都不赞同，那么事情便是凶险而无洪吉兆了。但是《尚书》港范稽疑篇中。则对于龟卜赞同，蓍占不赞同的情形，视为做内面的事吉祥。即使龟甲和蓍草占卜的结果都与人的意愿相违，仍然要说无所为则有利。由此可知，吉凶往往决定在自己，圣人已经教训得十分明白了。人只要能对内吉外凶的事情在内行之而不在外行之，对于完全与人相违的事守静而不做，安分守己，遵循常道，那么岂不是无往而不利吗？

# 满盈则亏　自然之理

**【原文】** 每见勤苦之人绝无痨疾，显达之士多出寒门，此亦盈虚消长之机，自然之理也。

**【译文】** 常见勤勉刻苦的人绝不会得到痨病，而显名闻达之士往往是劳苦出身，这也可看成是盈则亏、消则长的大自然本有的规律。

## 屈居无怨　居于人上

**【原文】** 欲利己，便是害己；肯下人，终能上人。

**【译文】** 想要对自己有利，往往反而害了自己。能够屈居人下而无怨言，终有一天也能居于人上。

## 不应逃避　勇敢面对

**【原文】** 不能缩头者，且休缩头；可以放手者，便须放手。

**【译文】** 于情于理不当逃避的事，就要勇敢地去面对。可以放开的事，就要将它放下。

王原祁《云山图》

## 道理正确　委婉表达

**【原文】**　理直而出之以婉，善言也，善道也。

**【译文】**　道理是正确的，但最好用委婉的语气表达出来，就是善言，也是善于讲话。

## 处世宽厚　执法严格

**【原文】**　处世常过厚无害，惟为公持法则不可。

**【译文】**　处世时经常宽厚一些没什么妨害，但秉公执法时则不能这样。

## 天下之初　柔和者久

**【原文】**　天下之物，纤徐柔和者多长，迫切躁急者多短。故烈风骤雨，无崇朝之威；暴涨狂澜，无三日之势。催拍促调，非百板之声；疾策紧衔，非千里之辔。人生寿夭祸福，无一不然。偏激者可以思矣。

**【译文】**　天下的事物，纤徐柔和者多长久，迫切急躁者多短促。所以烈风骤雨，不会有持续一早晨的威势；暴涨狂澜，不会维持三天的时间。快拍短调；不是百种乐器奏出来的声音；用力地鞭打、拉紧衔勒，不是对付千里马的办法。人生的寿夭祸福，没有一样不是如此。性偏急的人可以想想这个道理。

## 余有期限　受用无穷

**【原文】**　干天下事无以期限自宽，事有不测，时有不给，常有余于期限之内，有多少受用处。

**【译文】** 干天下的事业不要给自己放宽期限，事情有预计不到的时候，时间有不充裕的时候，在期限之内留有余地，会受用无穷。

## 通达权变　谓之才能

**【原文】** 将则而能弭，当事而能救，既事而能挽，以之谓达权，此之谓才。未事而知其来，始事而要其终，定事而知其变，此之谓长虑，此之谓识。

**【译文】** 将要发生的事能够让它停止，已经发生的事能够纠正，事情发生以后能够挽回，这叫做通达权变，这就是才能。事情还未来临时能预知它会到来，开始时能估计到它的结果，已经确定了能够知道它的变化，这叫做长虑，这就是远见。

## 位居高处　韬光养晦

**【原文】** 能脱俗便是奇，不合污便是清。处巧若拙，处明若晦，处动若静。

**【译文】** 能够超脱世俗，便是不平凡；能够不与人同流合污，便是清高。对于愈是巧妙的的事情，愈要以拙笨的方法处理；虽然位居高明之处，却能善自韬光养晦；虽然处于动荡的环境，却要像处在平静的环境中一般，不可慌乱。

## 不贿权贵　不利辟者

**【原文】** 不贿贵者之权势，不利便辟者之辞。

**【译文】** 不用财物去买通富贵者的权势，不喜爱身边的人讨好的言辞。

## 周围环境　持以谨慎

【原文】　正君渐于香酒，可谖而得也。君子之所渐不可不慎也。

【译文】　就像美酒的熏陶可以醉人一样，正派的君子被周围美好动听的谖言所熏染，也可以使君主改变思想。所以君子对周围环境的浸染不可不持谨慎的态度。

## 善取宠上　是态之臣

【原文】　内不足使一民，外不足使距难；百姓不亲，诸侯不信；然而巧敏佞说，善取宠于上，是态臣者也。

【译文】　对内不能团结统一人民，对外不能抵御敌人入侵；百姓不亲近，诸侯不信任；然而却善于花言巧语，阿谀奉承，很会博得君主的宠爱，这种臣子就是谄媚之臣。

## 心胸坦荡　从容优游

【原文】　胸便是羲皇以上人，即在夷狄患难中，何异玉烛春台上。

【译文】　胸中无一毫欠缺，身上无一些点染，这便是伏羲氏以上的人，这种人即使处于夷狄或患难之中，也如处于四时气候调合的境地，如同春日登临游览之胜地一样从容优游。

## 圣人处事　用心去做

【原文】　圣人掀天揭地事业只管做，只是不费力；除害去恶只管做，只是不动气；蹈险投艰只管做，只是不动心。

**【译文】** 圣人对于掀天揭地的事业尽管做，只是不费力；对于除害去恶的事尽管做，只是不动气；对于蹈险投艰的事情尽管做，只是不动心。

## 圣贤做事　事无痕迹

**【原文】** 圣贤用刚只够济那一件事便了，用明只够得那件情便了，分外不剩分毫。所以做事无痕迹，甚浑厚，事既有成而亦无议。

**【译文】** 圣贤用刚，只要能完成那件事便不用了；用明，只够明了那件事情就不用了，此外不剩分毫。所以圣贤做事无痕迹，很浑厚，事情成功了也没有异议。

## 千通万贯　随事合宜

**【原文】** 圣人只有一种才，千通万贯，随事合宜。譬如富贵，只积一种钱，贸易百货都得。众人之才如货，轻虽美，不可御寒；轻裘虽温，不可当暑。又养才要有根本，则随遇不穷；运才要有机括，故随感不滞；持才要有涵蓄，故随事不败。

**【译文】** 圣贤只有一种才，这种才可以贯通千万事物，都随事合宜。譬如宝贵，只要积蓄钱就可以了，用它可以买来百种货物。普通人的才能就如同货物，轻柔的丝织品虽然很美，但不能御寒；轻软的毛皮衣服虽然很温暖，但暑天又不能穿。培养才能要从根本上着手，就会随遇不穷；运用才能要掌握关键，就会随感不滞；掌握才能要有涵养，就会随事不败。

## 虚心自修　通晓古今

**【原文】** 坐疑似之迹者，百口不能自辨；狙一见之真者，百口难夺其执，此世之通患也。唯圣虚明通变，吻合人情，如人之肝肺在其腹中，既无遁情，亦无诬执，故人有感泣者，有愧服者，有欢悦者。故曰"惟圣人为能通天下之志"。不能如圣人，先要个虚心。

【译文】　处于似是而非的境地，有一百张嘴也难以说清楚；拘泥于一次看到的真实情况，有一百张嘴也难以说服他改变看法，这是世人的通病。只有圣贤的心胸能够通达权变，吻合人情，如同人的肝肺长在自己的腹中一般，既无隐情，也无欺骗执拗。因此，人们有为之感泣的，有愧服的，有欢悦的。所以说惟有圣人能打通天下人的心志。如果不能做到圣人那样，就先要虚心自修。

## 圣人相处　因人而异

【原文】　圣人处小人，不露行迹，中间自有得已处。高崖陡堑，直气壮烦，皆褊也。即不论取祸，近小丈夫矣。

【译文】　圣人和小人相处，要不露行迹，但中间自然该停止的地方还要停止。来到高崖陡堑之上，还要显出勇往直前不害怕的样子，这也是气量狭小的表现。且不说这样做会遭到祸狭，即使这种做法，也只能算个小丈夫。

## 圣人对人　恰好其分

【原文】　君子所得不同，故其所行亦异。有小人于此，仁者怜

王渊《桃竹锦鸡图》

之，义者恶之，礼者处之不失体，智者处之不取祸，信者推诚以御之而不计利害，惟圣人处小人得当可之宜。

**【译文】** 君子通过修养所获得的德行不同，所以行为也不同。对待小人，仁者可怜他，义者厌恶他，礼者和他相处不失礼，智者和他相处不惹祸，诚信的人用诚心来改造他而不计较对自己的有利有害，只有圣人和小人相处能做到恰如其分。

## 为人处世　切勿清高

**【原文】** 和平处事，勿矫俗以为高；正直居心，勿设机以为智。

**【译文】** 为人处世要心平气和，不要故意违背习俗，自命清高；平日存心要公正刚直，不要设计机巧，自认为聪明。

## 言不尽信　必揆诸理

**【原文】** 言不可尽信，必揆诸理；事未可遽行，必问诸心。

**【译文】** 别人的话不可以完全相信，一定要在理性上加以判断、衡量，看看有没有不实之处。遇事不要急着去做，一定要先问过自己的良心，看看有没有违背之处。

## 明知故犯　岂能幸逃

**【原文】** 明犯国法，罪累岂能幸逃；白得人财，赔偿还要加倍。

**【译文】** 明明知道而故意触犯国法，岂能侥幸地逃避法律的制裁？平白无故地取人财物，偿还的要比得到的更加几倍。

# 浪子回头　仍为君子

**【原文】**　浪子回头，仍不断为君子；贵人失足，便贻笑于庸人。

**【译文】**　浪荡子若能改过而重新做人，仍可做个无愧于心的君子。高贵的人一旦做下错事，连庸愚的人都要嘲笑他。

# 耐贫贱易　耐富贵难

**【原文】**　东坡《志林》有云："人生耐贫贱易，耐富贵难；安勤苦易，安闲散难；忍疼易，忍痒难：能耐富贵，安闲散，忍痒者，必有道之士也。"余谓如此精爽之论，足以发人深省，正可于朋友聚会时，述之以助清谈。

**【译文】**　苏东坡在《志林》一书中说："人生要耐得住贫贱是容易的事，然而要富贵而不骄满却不容易；在勤苦中生活容易，在闲散里度日却难；要忍住疼痛容易，要忍住发痒却难。假如能把这些难耐难安难忍的富贵、闲散、发痒，都耐得、安得、忍得，这个人必是个已有相当修养的人。"我认为像这么精要爽直的言论，足以让我们深深去体会，正适合在朋友相聚时提出来讨论，增强谈话的内容。

# 贫穷滋味　耐人咀嚼

**【原文】**　余最爱《草庐日录》有句云："澹如秋水贫中味，和若春风静后功。"读之觉矜平躁释，意味深长。

**【译文】**　我最喜爱《草庐日录》中的一句话："贫穷的滋味就像秋天的流水一般澹泊，静下来的心情如同春风一样平和。"读后觉得心平气和，句中的话真是含意深远而耐人咀嚼。

# 人事之败　多为贪欲

**【原文】**　敌加于己，不得已而应之，谓之应兵，兵应者胜利；利人土地，谓之贪兵，兵贪者败，此魏相论兵语也。然岂独用兵为然哉？几人事之成败，皆当作如是观。

**【译文】**　敌人来攻打本国，不得已而与之对抗，这叫做"应兵"，不得已而应战的必然能够得胜。贪图他国土地，叫做"贪兵"，为贪得他国土地而作战必然会失败，这是魏相论用兵时所讲的话。然而岂止是用兵打仗如此呢？凡是人事的成功或失败，往往也是如此啊！

# 险奇之世　决不可为

**【原文】**　凡人世险奇之事，决不可为，或为之而幸获其利，持偶然耳，不可视为常然也。可以为常者，必其平淡无奇，如耕田读书这类是也。

**【译文】**　凡是人世间因危险奇怪以得利的事，绝不要去做，虽然有人因为做了这些事而侥幸得利益，那也不过是偶然罢了！不可将它视为常理。可以作为常理的，一定是平淡而没有什么奇特的事，例如耕田、读书之类的事便是。

# 事前忧愁　事中坦途

**【原文】**　忧先于事故能无忧，事至而忧无救于事，此唐史李绛语也。其警人之意深矣，可书以揭诸座右。

**【译文】**　如果事前忧愁，在做的时候就不会有可忧的困难出现；若是事到临头才去担忧，对事情已经没有什么帮助了，这是唐史上李绛所讲的话。这句话具有警惕人的意味，可以将它写在座旁，时时提醒自己。

## 处世之道　自立自强

**【原文】**　尧舜大圣，而生朱均；瞽鲧至愚，而生舜禹；揆以馀广馀殃之理，似觉难凭。然尧舜之圣，初未尝因朱均而灭；瞽鲧之愚，亦不能因舜禹而掩，所以人贵自立也。

**【译文】**　尧和舜都是古代的大圣人，却生了丹朱和商均这样不孝的儿子，瞽和鲧都是愚昧的人，却生了舜和禹这样的圣人。若以善人遗及子孙德泽，恶人遗及子孙祸殃的道理来说，似乎不太说得通。然而尧舜的圣明，也并不因后代的不贤而有所灭损；而瞽鲧那般的愚昧，也无法被舜禹的贤能所掩盖，所以人最重要的是能自立自强。

## 携己及人　视人犹己

**【原文】**　处世只一"恕"字，可谓以己及人，视人犹己矣。然有不足以尽者：天下之事，有己所不欲而人欲者，有己所欲而人不欲者，这里还须理会，有无限妙处。

**【译文】**　处世只用一个"恕"字，可以说是推己及人，视人犹己了。但还有不足的地方，天下的事，有己所不欲而人欲者，有己所欲而人不欲者，在这里还要进一步体会，有无限妙处。

## 宁开怨府　无开恩窦

**【原文】**　宁开怨府，无开恩窦。怨府难充而恩窦易扩也，怨府易闭而恩窦难塞也，闭怨府为福而塞恩窦为祸也。怨府一仁者能闭之，恩窦非仁义理智信备不能塞也。仁者布大德不干小誉，义者能果断不为姑息，礼者有等差节文，不一切以苦人情，智者有权宜运用，不张皇以骇闻听，信者素孚人，举措不生众疑，缺一必无全计矣。

**【译文】** 宁愿开一个众怨所归的怨府，也不要开一条胡乱施恩的恩道。怨府难以填满，而恩道容易扩大；怨府容易关闭，而恩道难以堵塞；关闭了怨府能带来福分，而堵塞了恩道会招来祸殃。怨府只要具有仁的美德的人就可以关闭它，恩道非具有仁、义、礼、智、信五种美德的人不能堵塞。有仁德的人宣施大德不求小誉，讲义气的人能果断不会姑息，按礼法办事的人有等差节制，不会一概而不合人情，有智慧的人能运用变通的办法，不会张皇来骇人听闻，讲信用的人向来被人信服，他实行的办法不会受人怀疑。五种品德缺少一种，就想不出万全之计。

# 协者将成　偏者则废

**【原文】** 君子与小人共事必败，君子与君子共事亦未必无败，何者？意见不同也。今有仁者；义者、礼者、智者、信者五人焉，而共一事，五相济则事无不成，五有主则事无不败。仁者欲宽，义者欲严，智者欲巧，信者欲实，礼者欲文，事胡以成？此无他，自是之心胜而相持之势均也。历观往事，每有以意见相争至亡人国家，酿成祸变而不顾，君子之罪大矣哉。然则何如？曰：势不可均，势均则不相下，势均则无忌惮而行其胸臆。三军之事，卒伍献计，偏裨谋事，主将断一，将意见之敢争？然则善天下之事亦在乎通者当权而已。

**【译文】** 君子与小人共事必然失败，君子与君子共事也未必不失败，为什么呢？是因为意见不同的缘故。现在有仁者、义者、礼者、智者、信者这样五个人，而共同办一件事，五人相互帮助，则事情没有不成功的；五人各有主张，则事情没有不失败的。仁者要宽，义者要严，智者要巧，信者要实，礼者要修饰，事情怎能成功？这其中的原因没有别的，认为自己正确的心情强烈，而互相牵制的力量又势均力敌的缘故。历观往事，每每有因意见相争以至置国破家亡酿成祸乱而不顾的，这样的君子，他们的罪孽就大了。那么怎么办呢？我认为，势不可均衡，势均则都不愿让步，势均则都会毫无顾忌地实行自己心中的愿望。军队中的事情，士兵献计献策，偏将副将谋画策略，主将最后做出决断，哪敢再提出意见争论呢！然而要想把天下的事办好，也在于让通达事理的人掌权而已。

## 不求根源　何以成事

【原文】　万弊都有个由来，只救枝叶，成得甚事。

【译文】　万种弊端都有个由来，只救枝叶，不救根源能成就什么事。

## 相处小人　放宽一步

【原文】　与小人处，一分计较不得，须要放宽一步。

【译文】　和小人相处，一分也计较不得，须要放宽一步。

王昱《重林复嶂图》

## 从容详审　发于凝定

【原文】　处天下事只消得"安详"二字，虽兵贵神速，也须从此二字做出。然安详非迟缓之谓也，从容详审，养奋发于凝定之中耳。是故不闲则不忙，不逸则不劳。若先怠缓则后必急躁，是事之殃也。十行九悔，岂得谓之安详？

【译文】　处理天下的事，只需要"安详"二字，虽然兵贵神速，也须要从这二字做出来。但安详不是迟缓的意思，是从容详审、养奋发于凝定之中的意思。因此不闲则不忙，不逸则不劳。如果先怠缓则以后必定焦急，这是事情成功的祸殃，十次行动九次都会后悔，怎能叫做安详呢！

# 果断人忙　心有余闲

【原文】　果决人似忙，心中常有余闲；因循人似闲，心中常有余累。君子应事接物，常赢得心中有从容闲暇时便好，若应酬时劳扰，不应酬时牵挂，极是吃累底。

【译文】　果断的人好像很忙，但心中常有余闲；因循的人好像很闲，但心中常有余累。君子应事接物，常常能使心中有从容闲暇的时间便好，如果应酬时辛苦不安，不应酬时还是牵肠挂肚，这是非常劳累的。

# 生机已绝　难建功业

【原文】　躁性者火炽，遇物则焚；寡恩者冰清，逢物必杀。凝滞固执者，如死水腐木，生机已绝，俱难建功业而延福祉。

【译文】　一个性情急躁的人，他的一言一行都如烈火一般炽热，所有跟他接触的人物都会被焚烧；一个刻薄寡恩的人，他的一言一行就好像冰雪一般冷酷，不论任何人物碰到他都会遭到残害。一个头脑顽固的人，像一潭死水，一株朽木一样，死沉沉的已经完全断绝了生机，这都不是成大功立大业而能为社会人群造福的人。

# 知己地位　努力奋发

【原文】　知道自家是何等身份，则不敢虚骄矣；想到他日是那样下场，则可以发愤矣。

【译文】　明白自己的德行地位，就不敢妄自尊大。想到不发奋图强的后果竟是如此惨淡，就该振作精神，努力奋发。

## 嫌贫爱富　终遭摒弃

**【原文】**　无论作何等人，总不可有势利气；无论习何等业，总不可有轻浮心。

**【译文】**　不管做哪一种人，最重要的是不可有嫌贫爱富，以财势来衡量人的习气。不论从事哪一种事业，总是不可有轻率浮躁的心思。

## 天虽喜生　难救亡人

**【原文】**　天虽好生，亦难救求死之人；人能造福，即可邀悔祸之天。

**【译文】**　上天虽然希望万物都充满生机，却也无法救那种自蹈死路的人。人如果能自求多福，就可使原本将要发生的灾祸不再发生，就像得到了上天的赦免一般。

## 圣贤训辞　正确主见

**【原文】**　多记先圣格言，胸中方有主宰；闲看他人行事，眼前即是规箴。

**【译文】**　多多记住先圣先贤立身处世的训辞，心中才会有正确的主见。旁观他人做事的得失，便可作为我们行事的法则。

## 金钱似药　有福有祸

**【原文】**　钱能福人，亦能祸人，有钱者可不知；药能生人，亦能杀人，用药者不可不慎。

【译文】　钱能为人造福，也能带来祸害，有钱的人一定要明了这一点。药能够救人，也能够杀人，用药的人不能不谨慎。

# 淡泊明利　胸怀若谷

【原文】　居轩冕之中，不可无山林的气味；处林泉之下，须要怀廊庙的经纶。

【译文】　身居政府显要官职的人，要保持一种淡泊名利的思想；身为平民居住在田园之中的人，必须要有胸怀人世治理国家的雄心壮志。

# 清乃顺境　节即丰年

【原文】　清贫乃读书人顺境，节俭即种田人丰年。

【译文】　对于读书人而言，清高而贫穷才是顺遂的日子；而对于种田的人而言，只要省吃俭用，就是丰收的年头。

# 过正显愚　空想则蠢

【原文】　正而过则迂，直而过则拙，故迂拙之人，犹不失为正直。高或入于虚，华惑入于浮，而虚浮之士，究难指为高华。

【译文】　做人太过方正则不通世故人情，行事太过直率则显得有些笨拙，但这两种人还不失为正直的人。理想太高有时会成为空想，重视华美有时会成为虚浮，这两种人到底不能成为真正高明美好的人。

# 受于冥冥　显之昭昭

**【原文】**　肝受病则目不能视，肾受病则耳不能听，受病于人所不见，必发于人所共见；故君子欲无得罪于昭昭，必先无得罪于冥冥。

**【译文】**　肝脏有疾病，眼睛就看不清，肾脏有疾病，耳朵就听不清。病虽然生在人们所看不见的肝脏和内脏，但是病的症状必然发作于人们所都能看见的地方；所以君子要想表面没有过错，必须从看不到的细微处下功夫。

# 福不可徼　祸不可避

**【原文】**　福不可徼，养喜神以为召福之本而已；祸不可避，去杀机以为远祸之方而已。

**【译文】**　人间幸福不可勉强去追求，只要能经常保持愉快的心情，就算是追求人生幸福的基础；人间的灾祸实在难以避免，消除怨恨他人的念头，就算是远离灾祸的惟一方法。

# 施人钱物　不求回报

**【原文】**　施恩者，内不见己，外不见人，则斗粟可当万钟之报；利物者，计己之施，责人之报，虽百镒难成一文之功。

**【译文】**　一个施恩惠给别人的人，不可老把这种恩惠记在心头，更不可存让别人赞美观念；这样即使是一斗米也可收到万种的回报；一个用财物帮助别人的人，不但计较自己对人的施舍，而且要求人家的报答，这样即使是付出一百镒，也难收到一文钱的功德。

## 施之以恩　不求回报

【原文】　舍已毋处其疑，处其疑即所舍之志多愧矣；施人毋责其报，责其报并所施之心俱非矣。

【译文】　假如一个人要想作自我牺牲，就不应计较利害得失，假如有这种观念就会使你对这种牺牲感到犹疑不决，即然对你的牺牲心存计较犹疑，那就会使你的牺牲志节蒙羞。假如一个人要想施恩惠给他人，就绝对不要希望得到人家的回报，假如你一定要求对方感恩图报，那就连你原来帮助人的一番好心也会变质。

## 满腔热情　福分渊源

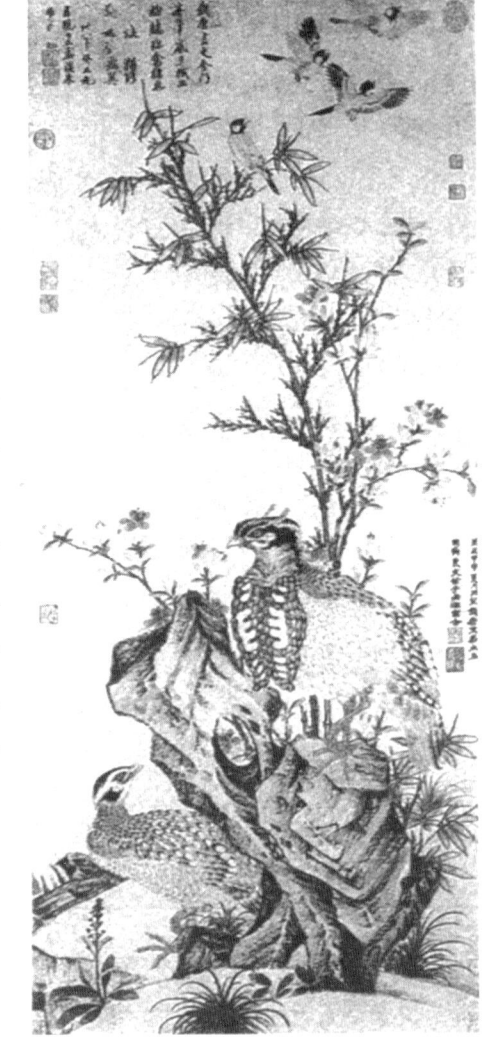

王渊《竹石集禽图》

【原文】　天地之气，暖则生，寒则杀。故性气清冷者，受享亦凉薄；惟和气热心之人，其福亦厚，其泽也长。

【译文】　由于有大自然四季的变化，春夏气候温暖，万物就获得生机，秋冬寒冷，万物就丧失生机。同样做人的道理也跟大自然一样，一个性情高傲冷漠的人，他的表情就有如秋冬天气那样冷漠而无人敢接近，因此他所能得到的福分也就冷酷而淡薄。只有那些个性温和而又满腔热情的人，既肯帮助人也能获得别人的帮助，所以他获得的福分不但丰厚，而且他的禄位也会源远流长。

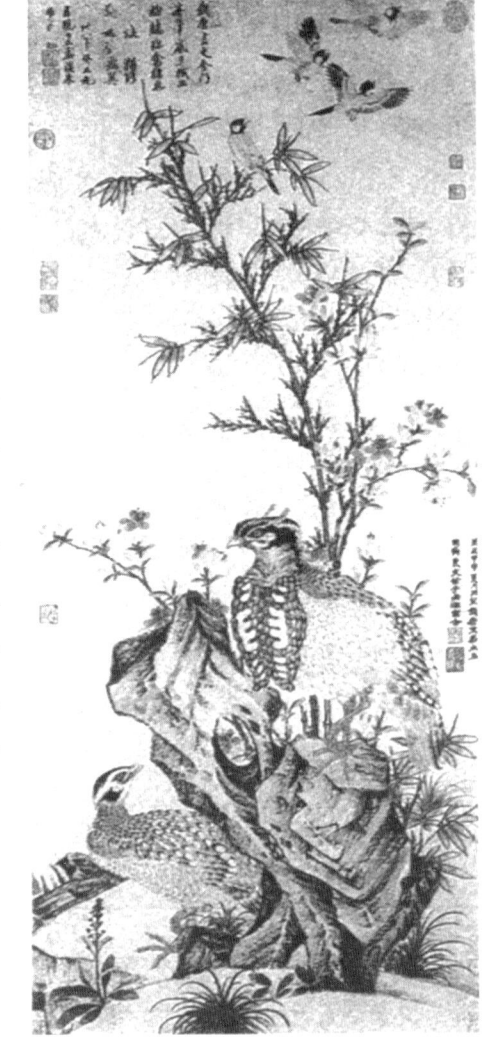

## 种德施惠　无位公相

**【原文】**　平民肯种德施惠，便是无位的公相；士夫徒贪权市宠，竟成有爵的乞人。

**【译文】**　一个普通老百姓只要肯多积功德广施恩惠帮助他人，就等于一位没有实际爵禄的公卿宰相；反之一个达官贵人假如一味贪恋权势把官职作为一种生意买卖欺下蒙上，这种人行径的卑鄙就如同一个有爵禄的乞丐那样可怜。

## 天理路宽　人欲径窄

**【原文】**　天理路上甚宽，稍游心胸中便觉广大宏朗；人欲路上甚窄，才寄迹眼前俱是荆棘泥涂。

**【译文】**　大自然中的道理就像一条宽敞的大路，只要人们略为用心探讨，心灵深处就会无边辽阔豁然开朗；人世间欲望就好像一条狭窄的小径，刚一把脚踏上就觉得眼前全是一片崎岖不平的泥路，只要稍不小心就会把两脚陷进泥潭中。

## 谦逊受益　自满招损

**【原文】**　满招损，谦受益，时乃天道。

**【译文】**　傲慢招致损害，谦和带来好处，这是自然的道理。

## 检饰之人　放肆者忌

**【原文】**　澹泊之士，必为浓艳者所疑；检饰之人，必为放肆者所忌。事穷势蹙之人，当原其初心；功成行满之士，要观其末路。

**【译文】**　恬静寡欲的人，必定为豪华奢侈的人所怀疑。谨慎而检点的人，必定被行为放肆的人所忌恨。一个人到了穷途末路，我们应看他当初的本心如何。一个功成行就的人，我们要看他以后会怎么继续下去。

## 如临大事　见人分晓

**【原文】**　大事难事看担当，逆境顺境看襟度，临喜临怒看涵养，群行群止看识见。

**【译文】**　逢到大事和困难的时候，可以看出一个人是否有担负责任的勇气。遇到逆境的时候，可以看出一个人的胸襟。

## 学以治用　才不枉然

**【原文】**　人得一知己，须对知己而无惭；士既多读书，必求读书而有用。

**【译文】**　人难得有一个知己，在面对知己时应该毫无可惭愧之处；读书人既然读了很多书，总要将学问用之于世，才不枉然。

## 历久自明　不必急求

**【原文】**　以直道教人，人即不从，而自反无愧。切勿曲以求容也；以诚心待人，人或不谅，而历久自明，不必急于求白也。

**【译文】** 以正直的道理去教导他人，即使他不听从，只要我问心无愧，千万不要委曲求全，于理有损，以诚恳的心对待他人，他人或者因为不能了解而有所误会，日子久了他自然会明白你的心意，不须急着去向他辩解。

## 讦人之短　非己所为

**【原文】** 凡讦人之短，攻发人之阴私，以沽直者，皆不可以言责善。虽然，我以是而施于人，不可也。人以是而加诸我，凡攻我之失者，皆我师也，安可以不乐受而心感之乎！

**【译文】** 凡是攻击别人的过失，揭发别人的稳私，以换取正直名声的，都不能说是帮助他人为善。尽管，我用这样的办法去对待别人是不行的；但是别人用这样的办法来对待我，凡是攻击我的过失的，都是我的老师，我又怎么能不欣然接受而衷心感激呢？

## 不认不是　终为小人

**【原文】** 人不论过恶大小，只不认不是，即终身真小人，更不变换。

**【译文】** 人不论过错大小，只要不承认错误，就永远是小人，不会有任何变化。

## 人非圣贤　孰能无过

**【原文】** 学贵速改过。人非积厚养深，孰能无过。诸凡存心制行、应事接物间，一时检点不到，便有百过交集，幸而知之，当速改之，绝不可有一毫畏难之心，而苟且以自安也。才说姑待明日，过便愈益深至，日为潜滋暗长而不自觉矣。故夫子曰："过则勿惮改。"又曰："过而不改，是谓过矣。"又曰："已矣乎，吾未见能见其过而内自讼者也。"改过而日内自讼，更不啻刑罚刀锯驱之于前，其吃紧示人如此。人能猛省若是，庶几私可由之以去，理可由之以存，于以渐臻无过地位无难矣。人到无过地位，圣学之始终全矣，故以是终焉。

【译文】　做学问贵在迅速改正过错。人不是道德高尚的圣人，怎么能够没有过错？在一些需要注意行为、应酬事情之中，一时检查不到，就会有很多过错交叉出现。如果侥幸地发现了，就应该很快地改正过来，决不能有一点点畏难的思想，而用自我安慰来苟且。如果说姑且等到明天再说吧，过错就会更加严重，它每天会在隐伏中暗暗扩大、发展而自己难以察觉。所以，孔子说："有了过错，就不要怕改正。"又说："有了过错却不愿改正，这等于是过错。"又说："算了吧！我还没有看见过能够看到自己的错误就自我检查的人。"改正过错而且当天就自我检查，无异于用刑罚刀锯逼迫驱赶自己，使自己紧张万分。一个人假如能这样猛烈醒悟，他的私心就差不多可以去掉，道德可以保持，以至于逐渐达到没有错误的程度。一个人达到了没有错误的程度，高尚的学问对他来说，也就从头到尾具备齐全了，所以，他最终还是高尚的人。

# 日常行为　合乎仪礼

【原文】　子曰："非礼勿视，非礼勿听，非礼勿言，非礼勿动。"

【译文】　孔子说："不合乎礼的东西不看，不合乎礼的话不听，不合乎礼的话不说，不合乎礼的事不做。"

# 君子一生　须有三戒

【原文】　孔子曰："君子有三戒：少之时，血气未定，戒之在色；及其壮也，血气方刚，戒之在斗；及其老也，血气既衰，戒之在得。"

【译文】　孔子说："君子有三件事情应该提高警惕：年轻的时候，血气未定，不要迷恋女色；等到壮年，血气正盛，不要好胜喜斗；等到年老了，血气已经衰弱，不要贪求无厌。"

# 花言巧语　招致失败

【原文】　惟截截善谝言，俾君子易辞，我皇多有之。

【译文】　那缺乏深谋远虑的，浅薄的花言巧语使君主轻忽怠惰，招致失败，这样的人我怎能随便地亲近他们呢？

赵孟坚《墨兰图》

# 正人君子　无信胡言

【原文】　恺悌君子，无言谗言。谗言罔极，交乱四国。

【译文】　快乐平和的国君，不要听那奸臣的胡言。谗言得不到制止，定会把同邻国的关系搞坏。

# 文过饰非　招致大祸

【原文】　人君唯毋听谄谀饰过之言。则败。奚以知其然也？夫谄臣者，常使其主不悔其过不更其失者也，故主惑而不自知也，如是则谋臣死而谄臣尊矣。

【译文】　人君只要听信阿谀奉承、文过饰非的言论，就会导致失败。怎么知道是这样呢？谄媚之臣常常使君主不知悔过又不知改过的，所以君主受迷惑而自己觉察不到，这样就导致忠臣谋士被排斥而死，而谄媚之臣却高升了。

## 人生不要　佞谄凶谗

【原文】　毋访于佞，毋蓄于谄，毋育于凶，毋滥于谗。

【译文】　不要询访求教于奸佞之人，不要保护谄媚的行为，不要培植凶恶行为，不可听信谗言。

## 绝疑去谗　塞朋党门

【原文】　明主绝疑去谗，屏流言之迹，塞朋党之门。

【译文】　英明的君主杜绝猜忌消除谗言，排除流言蜚语的迹象，堵塞结党营私的途径。

## 去谗远色　所以劝贤

【原文】　去谗远色，贱货而贵德，所以劝贤也。

【译文】　摒弃那些谗佞小人的坏话，远离那诱人的女色，轻视钱财货物，珍视道德品质，这才是勉励贤人的最好方法。

## 废德量力　审势顺时

【原文】　为善而偏于所向亦是病，圣人之为善，度德量力，审势顺时，且如发棠不劝，非忍万民之死也，时势不可也。若认煞民穷可悲，而枉己徇人，便是欲矣。

【译文】　为善而有所偏向也是毛病，圣人为善，度德量力，审势顺时，比如孟子，不再次劝说齐王发棠邑的粮仓以赈济饥民，这不是忍心让万民饿死，而是时势不允许，若认定了民穷可怜而枉屈自己也要顺从人们的要求，这便是欲望了。

## 不动声色　济之有余

【原文】　分明不动声色，济之有余；却露许多痕迹，费许大张皇，最是拙工。

【译文】　分明可以不动声色，事情就能成功，并且还有余力；却露出许多痕迹，虚费了很多张罗，最是笨拙的工夫。

## 若到精处　毕有一耳

【原文】　天下有两可之事，非义精者不能择，若到精处，毕竟止有一可耳。

【译文】　天下有两可的事，非精于此事的人不能选择；如果真达到最精的地步，毕竟还只有一可。

## 圣人处事　千变万化

【原文】　圣人处事有变易无方底，有执极不变底，有一事而所处不同底，有殊事而所处一致底，惟其可而已。自古圣人适当其可者，尧舜禹文周孔数圣人而已。当可而又无迹，此之谓至圣。

【译文】　圣人处理事情，有千变万化的，有执着一点不变的，有同一件事而处理方法不同的，有不同的事而处理的方法相同的，只要行得通就可以。自古以来的圣人能够做到适当其可的，只有尧、舜、禹、周文王、周公、孔子这几个圣人而已。做到恰到好处而又没有痕迹，这叫做至圣。

## 圣人处事　己不与也

【原文】　圣人处事，如日月之四照，随物为影；如水之四流，随地成形，己不与也。

【译文】　圣人处理事情，如日月照耀四方，随着不同的物品，形成不同的影子；如水向四处流淌，随着地势形成不同的形状，但是自己却不参与其间。

## 君子临事　平心易气

【原文】　使气最害事，使心最害理，君子临事，平心易气。

【译文】　意气用事最能坏事，使用心计最能害理，君子临事要平心易气。

# 非其地也　谓之羡谈

**【原文】**　士君子在朝则论政，在野则论俗，在庙则论祭礼，在丧则论丧礼，在边圉则论战守。非其地也，谓之羡谈。

**【译文】**　士君子在朝则论政治，在野则论习俗，在庙则论祭礼，在丧则论丧礼，在边境则论战守。在不应谈论这些事的地方谈论，叫做多余的话。

# 处天下事　留有余地

**【原文】**　处天下事，前面常长出一分，此之谓豫；后面常余出一分，此之谓裕。如此则事无不济而心有余乐。若扣杀分数做去，必有后悔处。人亦然，施在我，有余之恩则可以广德；留在人，不尽之情则可以全好。

**【译文】**　处理天下的事，前面常长出一分，这叫做豫；后面常余出一分，这就叫做裕。这样做事情没有不成功的，而且心中还有余乐。如果打折扣去做，必然有后悔的时候。做人也是这样，施恩之权在我，留有余地则可以广施自己的恩德；恩情留在别人身上，感激不尽的心情可以使双方友好。

# 明哲保身　裨于己事

**【原文】**　非首任，非独任，不可为祸福先，福始祸端，皆危道也。士君子当大事时，先人而任，当知"慎果"二字；从人而行，当知"明哲"二字。明哲非避难也，无裨于事，而只自没耳。

**【译文】**　不是首当其任，也不是独任，不可首先去得祸或受福，福分的开始、祝患的端倪，都是危险的。士君子面对大事时，首先担当，应该知道"慎果"二字；跟着别人做，应该知道"明哲"二字。明哲不是为了避难，不知明哲保身，对事情无益，反而会害了自己。

# 宽厚浑涵　用于治世

**【原文】**　养态，士大夫之陋习也。古之君子，养德德成，而见诸外者有德容。见可怒则有刚正之德容，见可行则有果毅之德容。当言则终日不虚口，不害其为默；当刑则不宥小故，不害其为量。今之人，士大夫以宽厚浑涵为盛德，以任事敢言为性气，消磨忧国济时者之志，使之就文法走俗状而一无所展布。嗟夫！治平之世宜尔，万一多故，不知张眉吐胆备身前步者谁也，此前代之覆辙也。

**【译文】**　修养表面的仪容，是士大夫的陋习。古代的君子，养德德成，表现在外面就会有德容，见可怒之事则有刚正之德容，见可行之事则有果毅之德容。当说则终日不说虚言，这也不妨害称其为沉默的人；当处罚的时候不原谅小的过错，这也不妨害你其为有容量的人。现在的人，士大夫以宽厚浑涵为有盛德，以任事敢言为有性气，这样就消磨了忧国济时者的志气，使他们屈就当时的成法、按世俗的一套行事而才能无法施展。唉！治平之世可以用这个方法，万一国家多难，不知张眉吐胆奋身向前的是谁人？这是前代已有的教训啊！

# 耳目之玩　民穷之祸

**【原文】**　一人覆屋以瓦，一人覆屋以茅，谓覆瓦者曰："子之费十倍予，然而蔽风雨一也。"覆瓦者曰："茅十年腐，而瓦百年不碎，予百年十更，而多以工力之费、屡变之劳也。"嗟夫！天下之患，莫大于有坚久之费，贻屡变之劳，是之谓工无用、害有益。天下之愚，亦莫大于狃朝夕之近，忘久远之安，是之谓欲速成、见小利。是故朴素浑坚，圣人制物利用之道也。彼好文者，惟朴素之耻而靡丽夫易败之物，不智甚矣。或曰：靡丽其浑坚者可乎？曰：既浑坚矣，靡丽奚为？苟以靡丽之费而为浑坚之资，岂不尤浑坚哉？是故君子作有益则轻千金，作无益则借一介。假令无一介之费，君子亦不作无益，何也？不敢以耳目之玩，启天下民穷财尽之祸也。

朱瞻基《武侯高卧图》

【译文】 一人用瓦做屋顶，一人用茅草做屋顶，用茅草的对用瓦的人说："你的费用是我的十倍，但是遮蔽风雨是一样的。"用瓦的人说："茅草十年就腐烂了，而瓦百年也不会碎，你百年之内就要换十次草，就要增加工力的费用和屡次更换的劳累。"啊！天下最大的祸患，就是有长久的花费，屡次变更的劳苦。这叫做无用的事危害有益的事。天下最愚蠢的事，就是拘泥于眼前的事，而忘记长治久安，这叫做欲速成、见小利。因此朴素浑坚，是圣人制造物品利用物品的原则。那些喜欢文饰的人，认为朴素可耻而喜欢奢华不结实的东西，这太不明智了。有人问：奢华而又坚固耐用可以吗？回答说："既然坚固耐用，要奢华做什么？如果以奢华的费用作为制造坚固耐用物品的资费，岂不更坚固了吗？因此君子制作有益的东西，费去千金也不怕；做无益的东西，费去一文也可惜。又问：假使不用一点费用，君子也不做那些无益的东西，这是为什么呢？回答说：不敢以这些耳目的玩好，招来民穷财尽的大祸。

## 遇事详问 末可偏心

【原文】 遇事不妨详问广问，但不可有偏主心。

【译文】 遇事不妨详细广泛地询问，但不可有偏向某一方面的思想。

## 轻信骤发　听者大戒

**【原文】**　轻信骤发，听言之大戒也。

**【译文】**　轻易地相信别人的话而骤然表示态度，是听言者的大戒。

## 君子处事　镇静有主

**【原文】**　君子处事，主之以镇静有主之心，运之以圆活不拘之用，养之以从容敦大之度，循之以推行有渐之序，待之以序尽必至之效，又未尝有心勤效远之悔。今人临事才去安排，又不耐踌躇，草率含糊，与事拂乱。岂无幸成？竟不成个处事之道。

**【译文】**　君子处事，要以镇静有主见的思想去主持，运用圆活不拘的方法，养成从容敦厚宽大的心怀，遵守循序渐进的次序，等待必然得到的成效，但又不会产生心太劳累而见效太慢的后悔心情。现在的人临事才去安排，又不耐烦从容等待，草率含糊，与事情违背，造成混乱。这样做难道没有侥幸成功的吗？即使成功，也不是个处事的办法。

## 与人共事　公正对待

**【原文】**　君子与人共事，当公人已而不私。苟事之成，不必功之出自我也；不幸而败，不必咎之归诸人也。

**【译文】**　君子与人共事，应当公正地对待自己和别人而不自私，如果事情成功了，不必把功劳都归于自己；不幸失败了，也不要把错误都推给别人。

# 违背自然　放弃当然

【原文】　有当然，有自然，有偶然。君子尽其当然，听其自然，而不惑于偶然。小人泥于偶然，拂其自然，而弃其当然。噫！偶然不可得，并其当然者失之，可哀也。

【译文】　有当然，有自然，有偶然。君子尽其当然，听其自然，而不惑于偶然。小人拘泥于偶然，违背自然，而放弃当然。唉！偶然是很难得的，连当然应该努力做的都放弃了，真是可悲呀！

# 度浅量狭　难成建树

【原文】　不为外撼，不以物移，而后可以任天下之大事。彼悦之则悦，怒之则怒，浅衷狭量，粗心浮气，妇人孺子能笑之，而欲有所树立，难矣。何也？其所以待用者无具也。

【译文】　不为外事所动，不为物质所动，而后可以担当天下的大事。别人逗引你高兴你就高兴，招惹你发怒你就发怒，度浅量狭，心粗气躁，妇人小孩都感到你可笑，这样的人想要有所建树，那就太难了。为什么呢？因为没有担当天下大事的本领。

# 明白简易　终身遵行

【原文】　"明白简易"，此四字可行之终身。役心机，扰事端，是自投钜网也。

【译文】　"明白简易"这四个字可以终身遵行。费尽心机，扰乱了事端，这是自投罗网啊？

# 执碍求通　徒劳不济

**【原文】**　水之流行也，碍於刚则求通于柔；智者之於事也，碍于此则求通于彼。执碍以求通，则愚之甚也，徒劳而事不济。

**【译文】**　水的流向，有硬的东西挡住了就流向没有硬东西挡住的地方；智者对于事情，此处有碍则寻求别处通行。固执地在有碍处求得通行，那就太愚蠢了，白费劲而对事没有帮助。

# 责幼之过　慎重时机

**【原文】**　卑幼有过，慎其所以责让之者：对众不责，愧悔不责，暮夜不责，正饮食不责，正欢庆不责，正悲忧不责，疾病不责。

**【译文】**　地位低、年龄小的人有过失，责备他们一定要慎重时机：当着众人面不责备，他已惭愧了不责备，黑夜不责备，正在吃饭时不责备，正在欢庆时不责备，正在悲伤时不责备，生病的时候不责备。

# 长久以来　议论之难

**【原文】**　举世之议论有五：求之天理而顺，即之人情而安，可揆圣贤，可质神明，而不必于天下所同，曰公论。情有所使，意有所拂，逞辩博以济其一偏之说，曰私论。心无私曲，气甚豪雄，不察事之虚实、势之难易、理之可否，执一隅之见，狃时俗之习，既不正大，又不精明，蝇哄蛙噪，通国成一家之说，而不可与圣贤平正通达之识，曰妄论。造伪投奸，谲樽诡秘，为不根之言，播众人之耳，千口成公，久传成实，卒使夷、由为骄、跖，曰诬论。称人之善，胸无秤尺，惑于小廉曲谨，感其煦意象恭，喜一激之义气，悦一篑之道言，不观大节，不较生平，不举全体，不要永终，而遽许之，曰无识之论。呜呼！议论之难也久矣，听之者可弗察与？

**【译文】** 举世的议论有五种：按天理来衡量符合天理，用人情来要求符合人情，可以让圣贤来度量，可以请神明来评定，而不必让天下的人都认同，这叫公论。所议论的事情对有些人有利，所讲的意见与有的人不合，旁征博引，以激烈的辩说来成就其偏向某一方的议论，这叫私论。心无私心，气甚豪雄，不观察事情的虚实、势的难易、理的可否，执一偏之见，拘泥于当时的习俗，既不正大，又不精明，如蝇哄蛙叫，使全国都变成了一种论调，但又不和圣贤平正通达的见识相合，这叫妄论。造伪投奸，痛恨毁谤，隐秘难测，造不根之言，播众人之耳。千口传说，似成公论；长久传播，好像实事。从而使伯夷、许由这样的贤者被诬为庄佞、盗跖那样的恶人，这叫诬论。称赞人家的好处，但胸中没有标准，迷惑于小处的廉洁谨慎，感动于和乐的貌似恭敬，喜欢他一时激发的义气，说服他一时合于道理的话，不观大节，不察其平生为人，不看全体，不要求永终，而马上称许，这叫无识之论。啊！议论之难是长久以来的事了，听的人可以不明察吗？

# 静默之人　爆发难挡

**【原文】** 简静沉默之人，发用出来不可挡。故停蓄之水一决不可御也，蛰处之物其毒不可当也，潜伏之兽一猛不可禁也。轻泄骤举，暴雨疾风耳，智者不惧焉。

**【译文】** 一向简静沉默的人，爆发起来不可阻挡。因此滞留蓄积的水一决口不可抵挡，蛰伏动物的毒人们难以经受，潜伏的野兽凶猛起来不可禁止。轻易发出，骤然出现的东西，如同暴雨疾风一样，一会儿就会过去，有智慧的人不怕这些。

# 谈古评人　舍身处地

**【原文】** 平居无事之时，则丈夫不可绳以妇人之守也；及其临难守死，则当与贞女烈妇比节。接人处众之际，则君子未尝示人以廉隅之迹也；及其任道徙义，则当与壮士健卒争勇。

**【译文】** 平居无事的时候，对大丈夫不可用妇人的操守来衡量；及其临难赴死时，则应当与贞女烈妇比节。接人处众之际，君子未尝显示出品德方正的行迹；及其任道徙义，则应当与壮士健卒争勇。

## 断绝祸根　必须妙手

**【原文】** 祸之成也，必有渐；其激也，奋于积。智者于其渐也绝之，于其积也消之，甚则决之。决之必须妙手，譬之疡然，郁而内溃，不如外决；成而后决，不如早散。

**【译文】** 祸患的形成，必然是渐渐来的；它的突然发生，也是长久积累造成的，有智慧的人要决其渐，消其积，甚至要断决祸根。断决祸根必须妙手，譬如脓疮，养着它让它在内部化脓，还不如从外面切开它；形成了脓疮再动手术，不如让它早早消散。

赵原《合溪草堂图》

## 当今之误　不肯认真

**【原文】** 尝见一论人者云："渠只把天下事认真做，安得不败？"余闻之甚惊讶。窃意天下事尽认真做去还做得不像，若只在假借面目上做工夫，成甚道理？天下事只认真做了，更有甚说？何事不成？方今大病痛，正患在不肯认真做，所以大纲常、正道理无人扶持，大可伤心。嗟夫！武子之愚，所谓认真也与？

**【译文】** 曾经听到一个评论人的人说："他只把天下事认真做，安能不败？"听到这话甚为惊讶，暗想天下事尽量认真去做还做得不像，若只在虚假表面上做工夫，成个什么道理？天下事只要认真去做，还有什么可说，还有何事不成？现今的大毛病，正在于不肯认真做，所以大纲常、正道理无人扶持，太让人伤心了。唉！宁武子的愚，正是所说的认真啊！

## 因循昏忽　醉梦一生

**【原文】** 人人因循昏忽。在醉梦中过了一生，坏废了天下多少事！惟忧勤惕励之君子常自惺惺爽觉。

**【译文】** 人人因循昏忽，在醉梦中过了一生，坏废了天下多少事。惟有忧愁劳苦心存戒惧的君子才是常常清理和警觉的。

## 明义理易　识时势难

**【原文】** 明义理易，识时势难。明义理，腐儒可能；识时势，非通儒不能也。识时易，识势难，识时，见者可能；识势，非早见者不能也。识势而早图之，自不至于极重，何时之足忧？

**【译文】** 明白义理容易，识时势难，弄明义埋，腐儒也能做到；识时势，非博通古今、学识渊博的儒者不能做到。识时易，识势难，识时，看到的人就可做到；识势，非有预见的人不能做到。认清了势又能提早谋划，自然不会到极其严重的形势，还忧时做什么呢？

## 无迹生疑　可不畏哉

**【原文】**　只有无迹而生疑，再无有意而能掩者，可不畏哉！

**【译文】**　只有无迹生疑的人，没有心中有意而能掩饰的人，能不因畏惧而谨慎吗？

## 令人可亲　亲爱生誉

**【原文】**　令人可畏，未有不恶之者，恶生毁。令人可亲，未有不爱之者，爱生誉。

**【译文】**　令人害怕的人，没有不让人痛恨的，痛恨就会产生诽谤。让人可亲的人，没有不让喜爱的，喜爱就会产生称赞。

## 神昏意散　做事大害

**【原文】**　先事体怠神昏，事临手忙脚乱，事过心安意散，此事之贼也，兵家尤不利此。

**【译文】**　事前体怠神昏，事情临头手忙脚乱，事过心安意散，这是做事的大害，对用兵的尤为不利。

## 不贵无过　贵之能改

**【原文】**　夫过者自大贤所不免，然不害其卒为大贤者，为其能改也。故不贵于无过而贵于能改过。

**【译文】**　过错，这是大贤人都难以避免的，然而这不影响他们最终成为大贤人，因为他们能够改正过错。所以，没有过错并不可贵，可贵的是能够改正过错。

# 悔悟之后　改之为贵

**【原文】**　悔悟是去病之药，然以改之为贵，若留滞于中，则又因药发病。

**【译文】**　悔悟好比是消除疾病的药物，但重要的是改正错误。如果仅仅停留在悔悟上，则又会因为药不治病，却阻塞在身体内，反而使旧病复发。

# 教人之道　一语尽之

**【原文】**　教人之道，只"长善而救其失"，一语尽之。如《舜典》命夔典乐教胄子，而曰"直而温，宽而栗，刚而无虐，简而无傲"，只是此意。万世教人之法，不能易也。'盖直者恒虐，故戒其虐；简者易至于傲，故戒其傲。在学者，变化气质之道，亦在自长其善、自救其失而已。

**【译文】**　教诲人的方法，只用"增进好的方面来弥自己的过失和不足"一句话就说完全了。比如《舜典》中舜命令夔主持乐官，去教育贵族子弟。因而说："要把他们教育得正直而温和，宽大而谨慎，性格刚正商不凌人，态度简约而不傲慢"，就是这个意思。这是万代教育人的法则，不能更改。大概行为正直的人常常缺少温和的态度，所以要他温和；秉性旷达、不拘小节的人常常缺少恭敬、谨慎，所以要他恭敬、谨慎；性格刚正的人容易粗暴，所以要他防止粗暴、鲁莽；能从大处着眼小处着手的人容易产生傲慢情绪，所以要他防止骄傲。

对于正在学习的人来说，变化自己气质的方法，也是在于自我增益好的方面，自我弥补不足罢了。

# 随波逐流　害人害己

**【原文】**　见恶不疾，是为长恶；见善不从，是为弃善，损于己亦损于人。

**【译文】**　看见邪恶而不憎恨，就是助长邪恶；看见美好而不顺从，就是舍弃美好，这不仅损害了自己也损害了别人。

# 乐善改过　所以修身

**【原文】**　乐善改过，所以修身；修身，所以成大业也。古之成大业者，莫不以此。

**【译文】**　因为乐于从善改过，所以能修养自身；因为能修养自身，所以才成就大事业。古代能成就大事业的人，没有不是这样的。

# 人之生也　必用其心

**【原文】**　人之生也，必无一息不用其心之理。用之于善，则为善人矣；用之于恶，则为恶人矣。用之于人，则为大人矣；用之于人，则为小人矣。

**【译文】**　人的一生，必然没有一刻不用自己心中的智慧的。如果把它用于善良，那么，就可以成为善良的人；如果把它用于邪恶，那么，就会成为邪恶的人。如果把它用于大的方面，那么，就可以成为君子；如果把它用于小的方面，那么，就会成为小人。

## 莫尚乎刚　莫贵乎速

**【原文】**　损不善而从善者，莫尚乎刚，莫贵乎速

**【译文】**　减少不善而顺从善的人，最重要的是刚毅，最可贵的是迅速。

## 为誉之举　自己担当

**【原文】**　善是大家公共的，不是一人自私的。为善却是自己担当的，不是他人强攀的。

**【译文】**　善良是大家共同公有的品德，不是哪一个人自己的私有财产。但是，做好事却是自己主动承担的，并不是其他的人强加给你的。

## 积善何难　人病不为

**【原文】**　为人日行一善，三年可以千善，极善何难，人病不为耳。

**【译文】**　为人每天做一件善事，三年可以做一千件善事，积善有什么难处？主要的问题是人们不愿意罢了。

## 无过可改　昏惰一日

**【原文】**　学者但不见今日有过可改，有善可迁，便是昏惰一日。

**【译文】**　求学的人只要不见到自己今天有错误可以改正，有善事可以去做，便是稀里糊涂地混了一天。

# 迁善改过　勿要踌躇

**【原文】**　迁善改过必刚而速，勿片刻踌躇。

**【译文】**　从善改过一定要坚决而迅速，不要有片刻的犹豫。

# 光明之行　无所掩覆

**【原文】**　心实不然而迹实然，人执其然之迹，我辩其不然之心，虽百口不相信也。故君子不示人以可疑之迹，不自诬其难辨之心。何者？正大之心，孚人有素，光明之行，无所掩覆也。傥有疑我者，任之而已，哓哓何为？

**【译文】**　心中想的不是这样，而行迹表现出来的却是这样，人们抓住表现出来的形迹，我辩白不是如此的心迹，虽然长出百张口来，人们也不会相信。所以君子不示人以可疑之迹，不自诬其难辨之心。为什么呢？正大之心，平时就会被人相信，光明之行，没什么可以掩盖。假如有怀疑我的，只能任他怀疑而已，何必还要不停地辩解呢！

# 成仁取义　死得其所

**【原文】**　大丈夫看得生死最轻，所以不肯死者，将以求死所也。死得其所，则为善用死矣。成仁取义，死之所也，虽死贤于生也。

**【译文】**　大丈夫把生死看得最轻，之所以不愿意死，是为了找到一个值得为之死的事情。死得其所，就是善用死了。成仁取义，就是应死之所，虽死也比活着强。

# 平无邪梦　斋无杂梦

**【原文】**　将祭而齐，其思虑之不齐者，不惟恶念，就是善念也是不该动底。这三日里，时时刻刻只在那所祭者身上，更无别个想头，故曰"精白一心"。才一毫杂，便不是精白；才二，便不是一心。故君子平日无邪梦，斋日无杂梦。

**【译文】**　将要祭祀时举行斋戒，有人思想意念上不斋戒，不只是有恶念，就是善念也不该产生。斋戒这三天中，时时刻刻思虑要在那被祭者的身上，更不要有别的想法。因此称作"精白一心"。才有一毫杂，便不是精白；才二，便不是一心。所以君子平日无邪梦，斋日无杂梦。

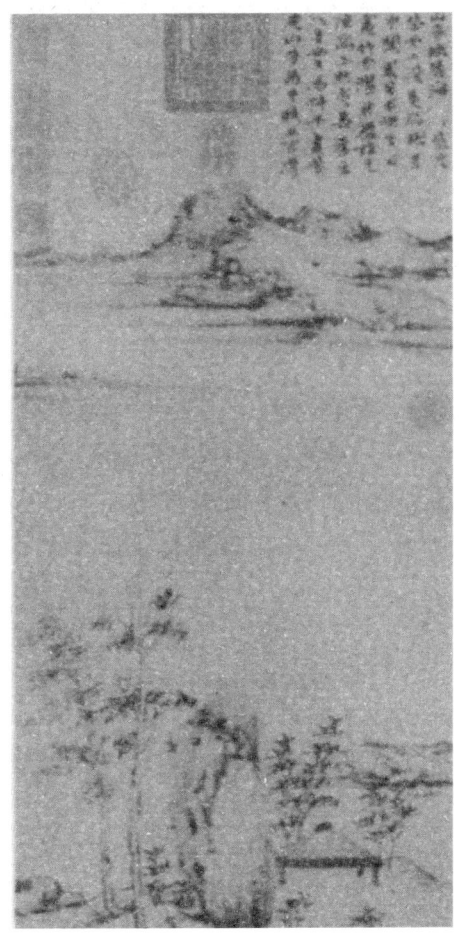

倪瓒《紫芝山房图》

# 彰友之过　第一不仁

**【原文】**　彰死友之过，此是第一不仁。生而告之也，望其能改，彼及闻之也，尚能自白。死而彰之，夫何为者？虽实过也，吾为掩之。

**【译文】**　揭露死友的过错，这是第一等的不仁。生时告诉他，是希望他能改过，这时他还能听到，还可以自我表白。死了以后才揭发，是为了什么呢？虽然他实有过错，也要为他遮掩。

# 淡泊自处　无限快乐

**【原文】**　争利起于人各有欲，争言起于人各有见。惟君子以淡泊自处，以知能让人，胸中有无限快活处。

**【译文】**　争利起于人各有欲，争言起于人各有不同之见。只有君子能以淡泊自处，以智能让人，胸中有无限快活处。

# 不思劳者　有负世民

**【原文】**　吃这一著饭是何人种获底？穿这一匹帛是何人织染底？大厦高堂如何该我住居？安车驷马如何该我乘坐？获饱暖之体，思作者之劳；享尊荣之乐，思供者之苦，此士大夫日夜不可忘情者也。不然，其负新世新民多矣。

**【译文】**　吃的这一碗饭是何人种收的？穿的这一匹帛是何人织染的？大厦高堂如何该我居住？安车驷马如何该我乘坐？获得饱暖的生活，应思劳做者的辛苦；享受尊荣的快乐，应思供给者的辛劳。这是士大夫日夜不可忘记的啊！不然，有负这世界、这百姓的就太多了。

# 功在凝精　不撄其锋

**【原文】**　理势数皆有自然，圣人不与自然斗，先之不敢干之，从之不敢迎之，待之不敢奈之，养之不敢强之。功在凝精，不撄其锋；妙在默成，不揭其名。夫是以理势数皆为我用而相忘于不争。噫！非善济天下之事者不足以语此。

**【译文】**　理、势、数都有它自然的规律，圣人不与自然斗，让其作为先导而不敢干涉它，跟从它而不能逆着它，等待它而不敢奈何它，养着它而不敢强迫它。功用在于凝聚它的精华，而不能犯它的锋芒；妙用在于默默成功，而不显露其名。这样，把理、势、数都为我所用而相忘于不争。噫！除非善于成就天下大事的人，不能和他谈论这个道理。

## 过责于人　亡身之念

【原文】　过责望人，亡身之念也。君子相与，要两有退心，不可两有进心。自反者，退心也。故刚两进则碎，柔两进则屈，万福皆生于退反。

【译文】　过分地责备别人，是危害自己的做法。君子和人相交，要双方都有退心，不能都有进心。反躬自问，就是退心。因此刚两进则碎，柔两进则屈，万福都生于退反。

## 阳异阴同　不应之应

【原文】　施者不知、受者不知，诚动于天之南，而心通于海之北，是谓神应。我意才萌，彼意即觉，不俟出言，可以默会，是谓念应。我以目授之，彼以目受之，人皆不知，两人独觉，是谓不言之应。我固强之，彼固拂之，阳异而阴同，是谓不应之应。明乎此者，可以谈兵矣。

【译文】　施与的不知道，接受的也不知道，诚恳表现于天之南而诚心通于海之北，这叫神应。我刚萌发一种意念，对方马上领悟，不等出言，已经默会，这叫念应。我用目光授意，他用目光接受，别人都未觉察，只有我二人独知，这叫不言之应。我固执地勉强他，他固执地反对，表面上意见不同，暗中却是相同的，这叫不应之应。明白这些道理的，就可以谈论用兵之道。

## 功过少混　恩仇不明

【原文】　功过不容少混，混则人怀惰堕之心，恩仇不可太明，明则人

张宏《西山爽气图》（局部）

起携贰之志。

【译文】　长官对于部下的功劳和过失，不可有一点模糊不清，假如功过不明就会使部下心灰意冷而不肯努力工作；一个人对于恩惠和仇恨，不可以表现得太鲜明，假如对恩仇太鲜明就容易使部下产生疑心而发生背叛之意。

# 人心之休　亦当如是

【原文】　霁日青天，倏变为迅雷震电；疾风怒雨，倏转为朗月晴空。气机可当一毫凝滞？太虚何当一毫障塞？人心之体亦当如是。

【译文】　当万里晴空艳阳高照之时，会突然乌云密布雷雨交加狂风暴雨的时候，会突然皓月当空万里无云。可见主宰气候变化的大自然一时一刻也不会停顿，而天体的运行也不会发生丝毫的错误或混乱，所以我们人类心理也要像大自然一般使喜怒哀乐的变化合乎理智准则。

# 锄奸杜倖　留之以路

【原文】　锄奸杜倖，要放他一条去路。若使之一无所容，譬如塞鼠穴者，一切去路都塞尽，则一切好物俱咬破矣。

【译文】　要想铲除邪恶之徒杜绝投机取巧专走后门的小人，有时也要斟酌实情给他们留一条改过自悔的途径。反之，如果逼得他们走投无路毫无立足之地，那就等于一个为了消灭老鼠而就堵死一切鼠洞，固然把老鼠的一切逃路都堵死了，可是一切好东西却也都被老鼠咬坏了。

# 无穷意味　无穷受用

【原文】　觉人之诈不形于言，受人之侮不动于色，此中有无穷意味，亦有无穷受用。

【译文】　当我们发觉被人家欺骗时不要立刻说出来，当我们遭受人家侮辱时也不要立刻生气。因为一个人能够有吃亏忍辱的胸襟，在人生旅途上自然会觉得有无穷深味，而且对你的前途事业也有一生受用不尽之感。

# 顶峰时刻　急流勇退

【原文】　谢事当谢于正盛之时，居身宜居于独后之地。

【译文】　一个人要想退隐家园不再过问世事，应该在你事业的顶峰阶段急流勇退，因为只有这样才能使你的英名永垂不朽，一个人平时居家度日，最好是住在一个与世无争的清静地区，因为只有这样才能使你收到修身养性的实效。

# 横逆困穷　身心交益

**【原文】**　横逆困穷是锻炼豪杰的一副炉锤，能受其锻炼则身心交益，不受其锻炼则身心交损。

**【译文】**　人间一切的横逆、灾难和困苦等于磨炼英雄豪杰心性的烘炉和铁锤，只要能够接受这种锻炼的人，对他的肉体与精神都会有好处，反之，如果承受不了这种恶劣环境煎熬的人，对他的肉体和精神都会受到伤害。

# 民无怨咨　敦睦气象

**【原文】**　吾身一小天地也，使喜怒不愆，好恶有则，便是燮理的功夫；天地一大父母也，使民无怨咨，物无氛疹，亦是敦睦的气象。

**【译文】**　我们自己身体就等于是一个小世界，不论高兴与愤怒都不可以犯下过失，尤其对于所喜好的和所厌恶的东西也要有一定标准，这就是做人的谐和调理的功夫；大自然就如同全人类的父母，负责养育人民，让每个人都没有牢骚怨由，使事物都能没灾害而顺利成长，这也是大自然的一番亲善友好恩德。

# 善良之心　幸福根苗

**【原文】**　心者后裔之根，未有根不植而枝叶荣茂者。

**【译文】**　一个人能有一颗善良的心，就等于给后代子孙种下了幸福的根苗，这就如同栽花植树一般，因为世间没有不培植根，就能使花木枝叶繁茂而开花结果的。

# 不宜预扬　不宜光发

**【原文】**　善人未能急亲不宜预扬，恐来谗谮之奸，恶人未能轻去不宜先发，恐遭煤蘖之祸。

**【译文】**　要想结交一个有修养的人不必急着跟他接近，也不必在事先来赞扬他，为的是避免引起坏人的嫉妒而又在背后说坏话；假如想摆脱一个心地险恶的坏人，绝对不可以草率行事随便把他打发走，尤其不可以打草惊蛇让他先知道，以免遭受这种坏人的报复或陷害等灾祸。

# 自昧自夸　学问切戒

**【原文】**　前人云："抛却自家无尽藏，沿门持钵效贫儿。"又云："暴富贫儿休说梦，谁家灶里火无烟？"一箴自昧所有，一箴自夸所有，可为学问切戒。

**【译文】**　以前的人说："放弃自己家中的大量财富，却模仿穷人拿着钵沿街去乞讨。"又说："一个突然暴富的穷人，千万不要老向人家炫耀自己的财富，其实哪个人家的炉灶不冒烟呢？"上面这两句谚语，一句是用来忠告那些不从自身修养道德的人，一句是用来忠告那些夸耀自己财富的人，这些都是作学问的人必须彻底戒除的事。

# 看明世事　不重功名

**【原文】**　真放肆不在饮酒高歌，假矜持偏于大庭卖弄。看明世事透，自然不重功名；认得当下真，是以常寻乐地。

**【译文】**　真正地不拘于规矩礼数，并不一定要饮酒狂歌，虚假的庄重在大庭广众间看来既做作又不自然。能将世事看得透彻，自然不会过于重视功名，只要即时明白什么是最真实的，就能寻到让心性感到怡悦的天地。

# 虽不应对　却得便宜

【原文】　寒山诗云：有人来骂我，分明了了知，虽然不应对，却是得便宜。此言宜深玩味。

【译文】　寒山子的诗说"有人跑来辱骂我，我虽然听得十分清楚，却没有任何反应，因为我了解自己已经由此得了很大的好处。"这句话很值得我们深深地品味。

# 无毁于后　无忧于心

【原文】　有誉于前，不若无毁于后；有乐于身，不若无忧于心。

【译文】　在生前有赞美的言词，倒不如在死后没有毁谤的言论。在身体上感到舒适快乐，倒不如在心中无忧无虑。

# 诚实不欺　始终如一

**【原文】**　恂恂，便便，侃侃，訚訚，忠信笃敬、盍书诸绅。讷为君子，寡为吉人。

**【译文】**　诚实不欺，辩说明晰，刚强正直，和颜悦色而敢于直言；竭心戮力，信实诚恳，忠厚严肃，始终如一，这些都是说话为人的行为准则。所以，古人认为言语谨慎迟钝的人为君子，言词少的人为吉人。

# 言语不慎　祸乱滋生

**【原文】**　乱之所生也，则言语以为阶；口三五之门，祸由此来。

**【译文】**　祸乱的滋生，则是由言语作为原由的；口是用来记录日、月、星辰，宣扬五行的，灾祸都因言语不慎而起。

# 卷舌之星　缄口之铭

**【原文】**　《书》有起羞之戒，《诗》有出言之悔，天有卷舌之星，人有缄口之铭。

**【译文】**　《尚书》中有说话不合礼仪就会招来羞辱的劝诫；《诗经》中告诫人们说话谨慎，否则就会懊悔。因此上天配有卷舌的星辰，专管人们的言语好坏，人间备有不说话的警语以示人们。

# 君子一言　驷马难追

**【原文】**　白珪之玷尚可磨，欺言之玷不可为。齿颊一动，千驷莫追。

噫，可不忍欤！

【译文】　白玉如果带有污点，还可以通过琢磨以致洁白无瑕，但言语的失当，则无法补救。口一张，说出话来，四千匹马也不能追回，唉，人说话怎么能不学会忍呢！

# 义所当为　虽死无憾

【原文】　义者，宜也。以之制事，义所当为，虽死不避；义所当诛，虽亲不庇；义所当举，虽仇不弃。

【译文】　所谓义，就是为人处事公正合宜的意思。处理事务时，按照义所应当做的，即使是死也不能躲避；按照义所应当除去的，虽是自己的亲友，也决不应庇护；按照义所应当举荐的，虽然是自己的仇人，也决不能抛弃他。

# 当断不断　反受其乱

【原文】　当断不断，是为懦夫。勿行不义，勿杀无辜。噫，可不忍欤！

【译文】　应该决断的时候却不决断，这是懦夫。但是不要做不合乎道义的事，不要滥杀无罪的人啊！噫，行施道义，怎能没有忍心呢！

# 恶畏人知　善急人知

【原文】　为恶而畏人知，恶中犹有善路；为善而急人知，善处即是恶根。

【译文】　一个人做了坏事而怕人知道，可见这种人在恶性之中还保留一点改过向善的良知；一个人做了一点善事而就急着让人知道，就证明他做善事只是为了贪图虚名和赞许，这种有目的才做善事的人，在他做善事时已经种下了可怕的伪善祸根。

## 无位之乐　饱食之忧

【原文】　人知名位为乐，不知无名无位之乐为最真；人知饥寒为忧，不知不饥不寒之忧为更甚。

【译文】　一般人都只知道有名誉和官职是人生的一大乐事，却不知道没有名声没有官职才是人生的真正乐趣。一般人都只知道饥饿跟寒冷是最痛苦的事，却不知道那些不愁衣食的达官贵人，他们那种患得患失的心情才是最痛苦的。

## 有德之人　才善用才

【原文】　才犹兵也，用之伐罪吊民则为仁义之师，用之暴寡凌弱则为劫夺之盗，是故君子非无才之患，患不善用才耳。故惟有德者能用才。

【译文】　运用才能和用兵一样，用它讨伐暴君，拯救百姓，则为仁义之师；用它欺侮寡妇凌虐弱小，则为打家劫舍的强盗，所以君子不怕无才，只怕不善用才。只有有德者才善用才。

## 愚者所堕　智着所觉

【原文】　藏莫大之害而以小利中其意，藏莫大之利而以小害疑其心，此愚者之所必堕而智者之所独觉也。

【译文】　隐藏着很大的害处而以小利让其满意，隐藏着很大的利益而以小害使其疑心，愚者必然会堕入这个圈套，而智者却能看清其中的奥妙。

## 计较是非　度量几何

**【原文】**　区区与人较是非，其量与所较之人相去几何？

**【译文】**　与人争一些小是小非，其度量和所争的人能相差多少？

## 无识底人　难与沟通

**【原文】**　无识见底人，难与说话，偏识见底人，更难与说话。

**【译文】**　难以和没有见识的人说话，更难以和有偏见的人说话。

## 君子无事　相让故也

**【原文】**　两君子无争，相让故也。一君子一小人无争，有容故也。争者，两小人也。有识者奈何自处于小人，即得之未必荣，而况无益于得？以博小人之名，又小人而愚者。

**【译文】**　两位君子，不会相争，这只是因为互相谦让的缘故。一个君子一个小人也不会争，因为君子宽容的缘故。相争的只会是两个小人，有见识的人怎会把自己置于小人的境地呢？即使争到了也未必光荣，况且对取得也不会有帮助呢？只不过博得个小人的名声罢了，这又是小人中愚蠢的人。

## 圣贤处世　温柔二字

**【原文】**　方严是处人大病痛，圣贤处世离一温厚不得，故曰："泛爱众"，曰"和而不同"，曰"和而不流"，曰"群而不党"，曰"周而不比"，曰"爱人"，曰"慈祥"，曰"岂弟"，曰"乐只"，曰"亲民"，曰"容众"，曰"万物一体"，曰"天下一家，中国一人。"只恁踽踽凉凉，冷落难亲，便是世上一个碍物，即使持正守方，独立不苟，亦非用世之才，只是一节狷介之士耳。

**【译文】** 方正严肃是与人相处的大毛病，圣贤处世离不开温厚二字，所以说"泛爱众"，即博爱众人。又说"和而不同"，意思是说和协而不阿附。又说："和而不流"，意思说和睦相处而不同流合污。又说"群而不党"，即合群而不搞宗派。又说"周而不比"，即广泛团结而不偏袒。又说"爱人"，又说"慈祥"，又说"岂弟"，即和乐平易。又说"乐只"，即快乐。又说"亲民"，又说"容众"，又说"万物一体"，又说"天下一家，中国一人"。如果只是孤独寂寞，冷落难以亲近，便是世上一个碍事的东西，即使持正守方，独立不苟，也不是治世的有用之才，只是一个拘谨自守、难以变通的人罢了。

## 谋后世事　深思熟虑

**【原文】** 谋天下后世事，最不可草草，当深思远虑。众人之识，天下所同也，浅昧而狃于目前。其次有众人看得一半者，其次豪杰之士与练达之人得其大概者，其次精识之人有旷世独得之见者，其次经纶措置当时不动声色后世不能变易者，至此则精矣尽矣，无以复加矣，此之谓大智，此之谓真才。若偶得之见，借听之言，翘能自喜而攘臂直言天下事，此老成者之所哀而深沉者之所惧也。

**【译文】** 谋划天下以及后世的事，最不可草率，应当深思熟虑。人们对事理的见识有不同的等次。众人的见识都是相同的，浅薄愚昧而又只顾目前的利益。其次，有些人能看清事情的一半。其次，还有一些豪杰之士与练达之人，能看清事情的大概。其次，具有精见卓识的人，还能有旷世独得的见解。其次，有的人筹划治理国家的大策，运用于当世虽没有轰轰烈烈的表现，但这些大策后世都不会改变。到了这种地步，就至精至善，无以复加了。这叫做大智，叫做真才。如果是偶得之见，道听途说之言，还翘然自喜，挥臂直言天下之事，这是使老成的人感到可悲、深沉的人感到可怕的事。

## 苟且偷安　万事废弛

【原文】　而今只一个"苟"字支吾世界，万事安得不废弛？

【译文】　而今只用苟且的态度来勉强支撑这个世界，万事怎能不废弛？

## 天下之事　乘势待时

【原文】　天下事要乘势待时，譬之决痈，待其将溃则病者不苦而痈自愈。若虺蝮毒人，虽即砭手断臂，犹迟也。

【译文】　天下的事要乘势待时，譬如挑破脓疮，等它将要溃烂时再下手，患者就不痛苦而毒疮也会痊愈。如果是毒蛇咬伤，即使马上砍断受伤的手臂，也还是迟了。

## 思之再三　然后行之

【原文】　饭休不嚼就咽，路休不看就走，人休不择就交，话休不想就说，事休不思就做。

【译文】　饭不要不嚼就咽，路不要不看就走，人不要不择就交，话不要不想就说，事不要不思就做。

## 君子待人　适当有道

【原文】　参苓归芪，本益人也，而与身无当，反以益病；亲厚恳切，本爱人也，而与人无当，反以速祸。故君子慎焉。

【译文】　人参、茯苓、当归、黄芪，本来是对人有益的，但服食不当，反而添病。对人亲爱、厚道、诚恳、关切，本来是爱护别人，但给予的对象不当，反而会招来祝害。所以君子要对此慎重。

# 与人为善　保全自己

【原文】　两相磨荡，有皆损无俱全，特大小久近耳。利刃终日断割，必有缺折之时；砥石终日磨砻，亦有亏消之渐。故君子不欲敌人，以自全也。

【译文】　两个东西相磨擦碰撞，有时会双方都受损，不会双方都安全，只是损害有大小、远近的分别而已。利刃终日切割东西，必然有缺折的时候；磨刀石终日磨擦，也会渐渐地亏损。所以君子不与人为敌，以保全自己。

# 举世所迷　智者独觉

【原文】　见前面之千里，不若见背后之一寸，故达观非难，而反观为难；见见非难，而见不见为难。此举世之所迷，而智者之独觉也。

【译文】　看到前面的千里，不如看到背后的一寸，所以说遍观不难，而反观就难了。看到能见到的东西不难，而看到不能见到的东西就难了。对这一点，举世的人都认识不清，只有智者才能体会得到。

# 誉既汝归　毁将安辞

【原文】　誉既汝归，毁将安辞？利既汝归，害将安辞？攻既汝归，罪将安辞？

【译文】　荣誉即然归于了你，怎么能避免诋毁呢？利益既然归于了你，怎么能避免祸害呢？功劳既然归于了你，怎么能避免罪责呢？

# 上士会意　体人以意

**【原文】**　上士会意，故体人也以意，观人也亦以意，意之感人也深于骨肉，意之杀人也毒于斧钺。鸥鸟知渔父之机，会意也，何以人而不如鸥乎？至于征色发声而不观察，则又在"色斯举矣"之下。

**【译文】**　高明之士能了解别人的愿望、心意，所以体贴人用心意，以观察人也用心意。用心意感动人深于骨肉至亲，用心意杀人比斧钺还毒辣。鸥鸟能知道渔父的杀机，是会意的缘故，人怎么还不如鸥鸟呢？至于对表现出来的迹象、颜色、声音、言论不注意观察，又不如鸟看到人脸色不善就振翅飞走的聪明了。

# 策名委质　终成大事

**【原文】**　士君子要任天下国家事，先把本身除外，所以说"策名委质"，言自策名之后，身已非我有矣，况富贵乎？若营营于富贵身家，却是社稷苍生委质于我也，君之贼臣乎！天之民乎澼。

**【译文】**　士君子要担当天下国家的大事，先要有忘我的精神，所以说"策名委质"，就是说你的名字登记在政府的书策上，你的身体就不属于自己了，何况是富贵呢？如果只为了钻营自己的身家富贵，这就成了社稷苍生委身于我了，这是国君的贼臣，上天的罪人啊！

# 圣贤肚量　宽如沧海

**【原文】**　圣贤之量空阔，事到胸中如一叶之舟泛沧海

**【译文】**　圣贤的器量宏大宽阔，万事万物到了胸中，有如一叶小舟浮在沧海之中。

# 圣贤处事　谦逊忍让

**【原文】**　圣贤处天下事，委屈纡徐，不轻徇一已之情，以违天下之欲，以破天下之防。是故道有不当直，事有不必果者，此类是也。譬之行道然，循曲从远，顺其成迹，而不敢以欲速适已之便者，势不可也。若必欲和间捷直遂，则两京程途，正以绳墨，破城除邑，塞河夷山，终有数百里之近矣，而人情事势不可也是以处事要逊以出之，而学者接物怕径情直行。

**【译文】**　圣贤处理天下的事情，委曲纡徐，不轻易顺从自己的感情，来违背天下人的愿望、破坏天下的纪纲。因此走路有时不必非走直路，办事也不一定非有成果，就是这个原因。比如行路，按照曲折的道路一直

王翚《秋景山水图》

向远方行进，顺着前人踏出的道路走，不敢为了迅速到达而走自己认为便捷的道路，这是形势不允许的。如果一定要求简捷直达，那么从西京长安到东都洛阳，用绳墨直着量一量，拆毁城市、堵塞河流、夷平山脉，那就只有数百里的路程了，但这样做从人情事势上是办不到的啊！所以处理事务要谦逊、退让，而学者待人接物就怕任意直行。

# 万事万物　静为动母

**【原文】**　热闹中，空老了多少豪杰；闲淡滋味，惟圣贤尝得出。及当热闹时，也只以这闲淡心应之。天下方事万物之理都是闲淡中求来，热闹处使用，是故静者动之母。

**【译文】**　在热闹场中，有多少英雄豪杰虚度了时光而一天天衰老。闲淡滋味，只有圣贤才能品尝出来。到了热闹的时候，也以这闲谈心去应付，天下万事万物的道理都是从闲淡中体会到的，而在热闹时才使用它。因此说静为动之母。

# 渴求进步　外无所求

**【原文】**　用功于内者，必于外无所求；饰美于外者，必其中无所有。

**【译文】**　在内在方面努力求进步的人，必然对身外之物不会有许多苛求；在外表拼命装饰图好看的人，必然内在没有什么涵养。

# 遭遇环境　不足困人

**【原文】**　鲁如曾子，于道独得其传，可知资性不足限人也；贫如颜子，其乐不因以改，可知境遇不足困人也。

**【译文】**　像曾子那般愚鲁的人，却能明孔子一以贯之之道而阐扬于后，可见天资不好并不足以限制一个人。像颜渊那么穷的人，却并不因此而失去他的快乐，由此可知遭遇和环境并不足以困住一个人。

## 处事宽平　持身严厉

**【原文】**　处事宜宽平，而不可有松散之弊；持身贵严厉，而不可有激切之形。

**【译文】**　处理事情要不急迫而平稳，但是不可因此而太过宽松散漫。立身最好能严格，但是不可造成过于激烈的严酷状态。

## 安贫知足　心境光明

**【原文】**　不忮不求，可想见光明境界；勿忘勿助，是形容涵养功夫。

**【译文】**　由安贫知足，与世无争，不陷害别人，不贪取钱财的态度，可以看到一个人心境的光明。在涵养的功夫上，既不要忘记聚集道义在培养浩然正气，也不要因为正气不充足，就用其他办法帮助它生长。

## 持守常道　多变可御

**【原文】**　数虽有定，而君子但求其理，理既得，数亦难违；变固宜防，而君子但守其常，常无失，变亦能御。

**【译文】**　运数虽有一定，但君子只求所做的事合理，若能合理，运数也不会违背理数。凡事虽然应该防止意外，但君子如果能持守常道，只要常道不失去，再多的变化也能御防。

## 和为祥气　骄为衰气

**【原文】**　和为祥气，骄为衰气，相人者不难以一望而知；善是吉星，恶是凶星，推命者岂必因五行而定。

**【译文】**　平和就是一种祥瑞之气，骄傲就是一种衰败之气，看相的人一眼就能看出来，并不困难。善良就是吉星，恶毒就是凶星，算命的人哪里需要按照五行推算才能论断吉凶呢？

## 成事立功　全凭心志

**【原文】**　成大事功，全仗着秤心斗胆；有真气节，才算得铁面铜头。

**【译文】**　能够成大事立大功的人，完全靠着坚定的心志，以及远大的胆识。真正有气节的人，才可能铁面无私，公正无畏。

## 责备自己　远离怨恨

**【原文】**　但责己，不责人，此远怨之道也；但信己，不信人，此取败之由也。

**【译文】**　只责备自己，不责备他人，是远离怨恨的最好方法。只相信自己，不相信他人，是做事情失败的主要原因。

## 无滞碍心　是通达人

**【原文】**　无执滞心，才是通方士；有做作气，便非本色人。

**【译文】**　没有执着滞碍的心，才是通达事理的人。有矫揉造作的习气，便无法保持自己的本色。

## 稳重质朴　永世模范

【原文】　世风之狡诈多端，到底忠厚人颠扑不破；末俗以繁华相尚，终觉冷淡处趣味弥长。

【译文】　世俗的风气愈来愈趋于狡猾欺诈，但是，忠厚的人诚恳踏实，他们的稳重质朴，永远是众人行事的模范。近世的习俗愈来愈崇尚奢侈浮华，不过，还是寂静平淡的日子真味自在，日月悠长。

## 善有善报　恶有恶报

【原文】　为乡邻解纷争，使得和好
如初，即化人之事也；为世俗谈因果，使知报应不爽，亦劝善之方也。

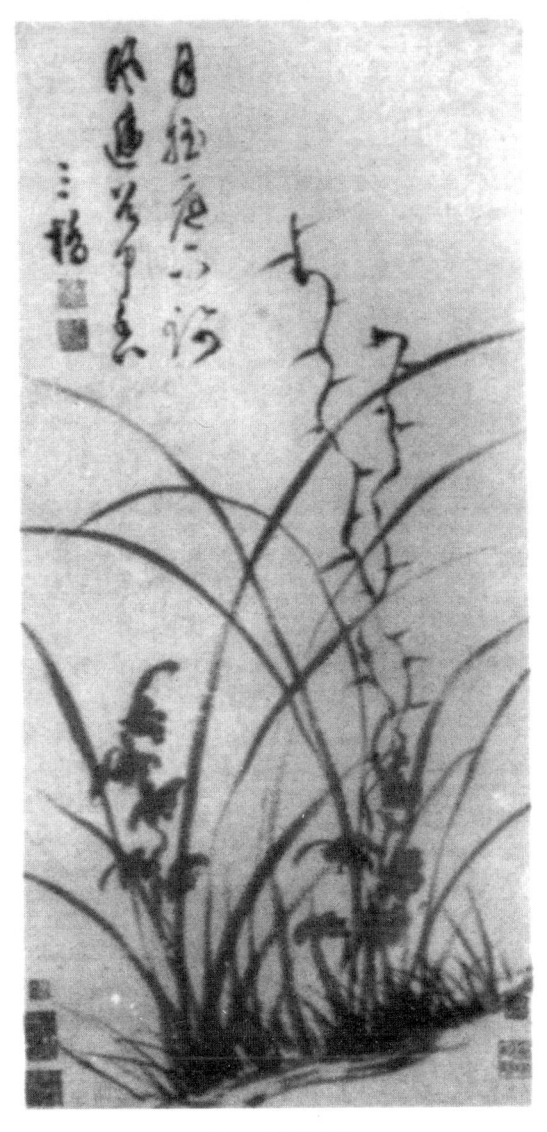
文彭《兰花图》

【译文】　替乡里的邻居解决纷争，使他们和最初一样友好，这便是感化他人的事了。向世俗的解说因果报应的事，使他们知道"善有善报，恶有恶报"的道理，这也是一种劝人为善的方法。

## 发达命定　肯做功夫

【原文】　发达虽命定，亦由肯做功夫；福寿虽天生，还是多种积阴德。

【译文】　一个人的飞黄腾达，虽然是命运注定，却也是因为他肯努力。一个人的福分寿命，虽然是一生下来便有定数，仍然还是要多做善事来积阴德。

## 时时上进　真正英雄

【原文】　小处不渗漏，暗处不欺隐，末路不怠荒，才是个真正英雄。

【译文】　一个人做人做事必须处处小心谨慎，就是细微的地方也不可粗心大意；即使是呆在没人听见没人看见的地方，也绝对不可以做见不得人的坏事；尤其当你处于穷困潦倒不得意的时候，仍旧不要忘掉奋发上进。这样的人才算得上是真正有作为的英雄好汉。

## 警觉处世　宽厚之道

【原文】　害人之心不可有，防人之心不可无，此戒疏于虑也；宁受人之欺，毋逆人之诈，此警伤于察也；二语并存精明而浑厚矣。

【译文】　"害人之心不可有，防人之心不可无"这句话是用来劝诫在与人交往时警觉性不够好的人，"宁可忍受他人的欺骗，也不愿在事先拆穿人家的骗局"这句话是用来劝诫那些警觉性过于高的人。假如一个人在和人相处时能牢记上面两句话，那才算得上警觉性高又不失纯朴宽厚的为人之道。

## 投之以桃　报之以李

【原文】　千金难结一时之欢，一饭竟致终身之感，盖爱重反为仇，薄极反成喜也。

【译文】　相处如不投机，即使你拿出价值千金的重赏或恩惠，也难以打动对方的心而跟你合作；一个人假如有良心而又非常知恩重道，即使是你给他一顿饭的小小恩惠，他也必然一生不忘此事永远心存感激回报之心。另外，人间还有一种微妙的心理现象。就是当一个人爱一个人爱到极点时，如果一不小心感情处置不当，就会翻脸成仇；还有就是平日你非常不重视的一些人，只要你某日突然对他们施一点小惠，他们就会受宠若惊。

# 施者任德　受者怀恩

**【原文】**　父慈子孝，兄友弟恭，纵作到极处，俱是合当如此，着不得一毫感激的念头。如施者任德，受者怀恩，便是路人，便成市道矣。

**【译文】**　父母对子女慈祥，子女对父母的孝顺，兄姐对弟妹的爱护，弟妹对兄姐的尊敬等等，即使拿出最大爱心做到最完美境界，也都是骨肉至亲之间所应当这样做的，因为这完全都是出于人类与生俱来的天性，彼此之间绝对不可以存有一点感激的想法。假如父母的养育子女，兄姐的友爱弟妹，个个都怀着一颗思恩图报的观念，以及子女对父母的孝顺，弟妹对兄姐的尊敬，也都怀着感恩图报的心理，那就等于把骨肉至亲变成了路上的陌生人，而且也把出自真诚的骨肉之情变成了一种市井交易。

# 韬光养晦　明哲保身

**【原文】**　藏巧于拙，用晦而明，寓清于浊，以屈为伸，真涉世之一壶，藏身之三窟也。

**【译文】**　一个人做人宁可大智若愚，宁可收敛一点不可锋芒毕露，宁可随和一点不可太自命清高，宁可退缩一点，不可太积极前进，这才是立身处世最有用的救命法宝，这才是明哲保身最有用的狡兔三窟。

# 我不夸妍　谁能丑我

**【原文】**　有妍必有丑为之对，我不夸妍，谁能丑我？有洁必有污为之仇，我不好洁，谁能污我？

**【译文】**　大凡人间的事情，有美好的就有丑陋的来作对比，假如我不自夸其德说自己美好，又有谁会讽刺我丑陋呢？大凡世上的东西，有洁净的就有肮脏的来作对比，假如我不养成过分爱好清洁的洁癖，又有谁会来讽刺我肮脏呢？

# 居安思危　处变图存

**【原文】**　衰飒的景象就在盛满中，发生的机缄即在零落内；故君子居安宜操一心以虑患，处变当坚百忍以图成。

**【译文】**　大凡一种衰败的现象往往是在鼎盛之时就种下祸根，大凡一种机运的转变多半是在失意时就已经种下善果。所以一个有才学有修养的君子，当平安无事时，要留心保持自己的清醒理智，以便防范未来某种祸患的发生；一旦处身于变乱灾难之中，我要拿出毅力咬紧牙关继续奋斗，以便策划未来事业的最后成功。

# 对待妒忌　御以平气

**【原文】**　炎凉之态，富贵更甚于贫贱；妒忌之心，骨肉尤狠于外人。此处若不当以冷肠。御以平气，鲜不日坐烦恼障中矣。

**【译文】**　人情高低、冷暖、厚薄变化，在富贵之家比贫穷人家显得更鲜明；而嫉妒、恨、猜忌的心理，在兄弟姐妹骨肉至亲之间比跟陌生人显得更厉害。一个人在这种地方假如不能用冷静态度来应付这种人情上的变化，或者不能用理智来压抑自己不平的情绪，那就很少有人不陷于有如日坐愁城中的烦恼状态。

# 明明知得　猛然转念

**【原文】**　当怒火欲水正腾沸处，明明知得，又明明犯著。知的是谁，犯的又是谁？此处能猛然转念，邪魔便为真君矣。

**【译文】**　一个人当愤怒像熊熊烈火一般上升欲念犹如开水一般在心头翻滚时，虽然他自己明知这是不对的，可是他又眼睁睁的不加控制。知道这种道理的是谁呢？明知故犯的又是谁呢？假如当此紧要关头能够突然改变观念，那么邪魔鬼也就变成真神了。

# 正确意见　听而从之

**【原文】**　你说底是，我便从，我不是从你，我自从是，何私之有？你说底不是，我便不从，不是不从你，我自不从不是，何嫌之有？

**【译文】**　你说的正确，我便听从，我不是听从你，我是听从正确的意见，这有什么私心呢？你说的不对，我便不听从，不是不听从你，是不听从不对的意见，有什么嫌疑呢？

# 朝三暮四　必有所当

**【原文】**　朝三暮四，用术者诚诈矣。人情之极致，有以朝三暮四为便者，有以朝四暮三为便者，要在当其所急。猿非愚，其中必有所当也。

石谿《苍山结茅图》（清）

**【译文】** 使用朝三暮四的手法，运用权术的人确实是为了欺骗啊！但人情的极点，有以早晨得到三个晚上得到四个为方便的，有以早晨得到四个晚上得到三个为方便的，主要看他当时的急需。猿猴也不是愚蠢的动物，使用朝三暮四的方法，其中必有其适当的道理。

# 孜孜不倦　杜绝欲望

**【原文】** 天下之祸非偶然而成也，有辏合，有搏激，有积渐。辏合者杂而不可解，在天为风雨雷电，在身为多过，在人为朋奸，在事为众恶遭会，在病为风寒暑湿合而成痹。搏激者勇而不可御，在天为迅雷大雹，在身为忿恨，在人为横逆卒加，在事为骤惑成凶，在病为中寒暴厥。积渐者极重而不可反，在天为寒暑之序，在身为罪恶贯盈，在人为包藏待逞，在事为大蔽极坏，在病为血气衰羸，痰火蕴郁，奄奄不可支。此三成者，理势之自然，天地万物皆不能外。祸福之来，恒必由之，故君子为善则籍众美而防错履之多，奋志节而戒一朝之怒，体道以终身，孜孜不倦，而绝不可长之欲。

**【译文】** 天下的祸事都不是偶然形成的，有凑合而成的，有突然激发的，有逐渐积成的。凑合而成的，原因复杂，不可化解，在天就是风雨雷电，在自身就是多过，在别人就是朋比为奸，在事情就是众恶都聚集在一起，在病为风寒暑湿合成了瘫痹之症。突然激发的，来势凶猛，不可阻挡，在天为迅雷大风冰雹，在自身为忿恨，在别人为突然飞来的横祸，在事情为骤然发生的凶事，在疾病为中暑受寒突然昏厥。逐渐形成的天长日久，积重难返，在天为寒暑四季的变化，在自身为恶贯满盈，在别人为包藏祸心等待得逞，在事情为大蔽极坏，在病为血气衰羸、痰火蕴积、奄奄待毙。以上三种原因形成的祸事，都是道理和形势发展的必然，天地万物都包括在内。祸福的到来，都是由这些原因造成的，因此君子为善则凭借多做好事来防止错误出现，振奋志向和节操，谨戒突然发怒，终身都要体会事物的自然规律，孜孜不倦地学习，杜绝那些不可滋长的欲望。

# 详之再详　后无忧矣

**【原文】**　再之略不如一之详也，一之详不如再之详也，再详无后忧矣。

**【译文】**　两次都简略不如一次详审，一次的详审不如两次都详审，两次都详审，而后就没有后忧了。

# 留有余地　处世妙道

**【原文】**　有余，当事之妙道也。故万无可虑之事备十一，难事备百一，大事备千一，不测之事备万一。

**【译文】**　留有余地，是处理事情的妙道，因此万无一失的事要防备出现十分之一的错漏，难事要防备出现百分之一的错漏，大事要防备出现千分之一的错漏，不测之事要防备出现万分之一的错漏。

# 留有余地　事事顺心

**【原文】**　在我有余，则足以当天下之惑，以不足当惑，未有不困者。识有余理，惑而即透；才有余事，惑而即办；力有余任，惑而即胜；气有余变，惑而不震；身有余内，外惑而不病。

**【译文】**　自身留有余地，则足以应对天下之事；以自身的不足应对天下之事，没有不困厄的。识见有余，遇理即透；才能有余，遇事能办；力量有余，任事能成；气概有余，遇到变化也不会震惊；健康有余，外惑也不会生病。

## 意外工夫　万全无忧

**【原文】**　天下之事在意外者常多，众人见眼前无事都放下心，明哲之士只在意外做功夫，故每万全而无后忧。

**【译文】**　天下的事，出乎意料之外的很多，一般人看到眼前无事就放了心，明哲之士只在意外的事情上下工夫，因此每每万全而无后忧。

## 不以物喜　不以己悲

**【原文】**　不以外至者为荣辱，极有受用处，然须是里面分数足始得。今人见人敬慢辄有喜愠心，皆外重者也，此迷不破，胸中冰炭一生。

**【译文】**　不因外来的事物而感到荣辱，极有受用处，然而须要内心的修养充足才能做到这一点。现在的人看到人家尊敬他或慢待他，则有喜怒之心，都是重视外界事物的缘故。这个迷惑不破除，胸中像放着冰炭一样，一生都不得安生。

## 一丝一缕　物力维艰

**【原文】**　有一介必吝者，有千金可轻者，而世之论取与，动曰所直几何，此乱语耳。

**【译文】**　不必舍弃时对一芥之微的东西也要爱惜，必须舍弃时千金贵重的东西也可以轻视，而世人谈论取得给予，动不动就说这东西值多少，这都是胡言乱语啊！

# 天下大事　力放紧要

**【原文】**　计天下大事，只在要紧处一着留心用力，别个都顾不得。譬之弈棋，只在输赢上留心，一马一卒之失，浑不放在心下。若观者以此预计其高低，弈者以此预乱其心目，便不济事。况善筹者以与为取，以丧为得。善弈者饵之使吞，诱之使进，此岂寻常识见所能策哉！乃见其小失而遽沮浇之，摈斥之，英雄豪杰可为窃笑矣，可为恻惋矣。

**【译文】**　考虑天下的大事，只在要紧处专心用力，别的都不要管。譬如下棋，只要输赢上留心，对一马一卒之失，不要放在心上。如果观棋的人用此来预计胜负，下棋的人因他的预计就扰乱了心目，便不会赢。况且善于筹划的人以与为取，以丧为得；善于棋道的人下了诱饵等对方上钩，引诱其前进，这些步骤又岂能是寻常见识所能策划的呢？以此可见，遭到小的失败就马上中止毁坏它，抛弃它，英雄豪杰可能会为之窃笑，为之哀恻惋惜啊！

# 自奉损损　百姓益益

**【原文】**　无损损，无益益，无通通，无塞塞，此调天地之道、理人物之宜也。然人君自奉无嫌於损损，于百姓无嫌于益益。君子扩理路无嫌于通通，杜欲窦无嫌于塞塞。

**【译文】**　不要在减少的情况下再减少，不要在增加的基础上再增加，不要在通畅时再加通畅，不要在堵塞时再增加堵塞。这是调剂天地的方法，是处理人和事物的适当办法。但是国家的君主，对于自己的日常供应不要怕减少再减少，对于百姓的利益不要怕增加再增加。君子扩大合于理的道路不怕通了又通，杜绝欲念不怕堵了再堵。

## 事有关涉　不应缄默

**【原文】**　事物之理有定，而人情意见千岐万径。君得其定者而行之，即行迹可疑，心事难白，亦付之无可奈何。若惴惴畏讥，琐琐自明，岂能家置一喙哉！且人不我信，辩之何益？人若我信，何事于辩？若事有关涉，则不当以缄默妨大计。

**【译文】**　事物的道理是有一定的，而人的见解却千岐万径。我按照事物一定的道理去办事，即使在别人看到形迹可疑，心事难以表白，也只得无可奈何。如果惴惴不安害怕别人说闲话，总想辩别表白，岂能到每家都讲一通？况且人家不相信我，辩白有什么益处？人家如果相信我，何用辩白呢？如果事情还涉及到别人或别的事，则不应当缄默以妨害大计。

## 处人处事　留有余地

**【原文】**　处人、处己、处事，都要有余，无余便无救性，此理甚难言。

**【译文】**　处人处己处事，都要留有余地，无余便没有挽救的可能性，这其中的道理一言难尽。

## 悔后改图　徒悔无益

**【原文】**　悔前莫如慎始，悔后莫如改图，徒悔无益也。

**【译文】**　做事之前怕将来后悔，那么在开始时就要慎重；考虑事情结束感到后悔，不如改变计划。光是悔恨是没有用处的。

# 见千里事　茫然自失

**【原文】**　　居乡而囿于数十里之见，然守之也，百攻不破。及游大都，见千里之事，茫然自失矣。居今而囿于千万人之见，然守之也，百攻不破。及观《坟》《典》，见千万年之事，茫然自失矣。是故囿见不可狃，狃则狭，狭则不足以善于下之事。

**【译文】**　　居住在乡间，而抱泥于数十百里之间的见闻，固执地遵守着这点见闻，对其他的意见都听不进去，等到游历了大城市，看到千里之外的事物，就会茫然自失了。生活在今天，而拘泥于千万人的见解，固执地坚守这些，对其他的见解都不屑一顾，等到看了《三坟》《九曲》这些古人的经典，看到千年万年之间的事，又会茫然自失了。因此说不可拘泥于浅陋的闻见，拘泥则显得狭窄，狭窄则不能干好天下的大事。

# 出于意外　智者亦穷

**【原文】**　　事出于意外，虽智者亦穷，不可以苛责也。

**【译文】**　　事情出乎意料之外，虽然是有智慧的人也无法处理，对这种情况不能苛责当事人。

# 天下祸事　多隐而成

**【原文】**　　天下之祸，多隐成而卒至，或偶激而遂成。隐成者贵预防，偶激者贵坚忍。

**【译文】**　　天下的祸事，多是暗中潜藏而突然来临的，或者是偶然激发而最终成祸的。对暗中潜藏的祸事贵在预防，对偶然激发的祸事贵在坚忍。

# 当事四要　牢记在心

**【原文】**　当事有四要：际畔要果决，怕是绵；执持要坚耐，怕是脆；机括要深沉，怕是浅；应变要机警，怕是迟。

**【译文】**　遇到事情有四点必须注意：遇到机遇要果断地抓住，不要绵软。掌握执行的时候要坚韧不拔，不要半途而废。智谋要深沉，最怕的是浅。应变要机警，最怕的是迟。

# 君子动事　思之再三

**【原文】**　君子动大事，十利而无一害，其举之也必矣。然天下无十利之事，不得已而权其分数之多寡，利七而害三，则吾全其利而防其害，又较其事势之轻重。亦有九害而一利者，为之，所利重而所害轻也，所利急而所害缓也，所利难得而所害可救也，所利久远而所害一时也。此不可与浅见薄识者道。

**【译文】**　君子干大事，如果有十利而无一害，他必然决定干。然而天下无十利之事，不得已只好权衡胜败分数的多少，如果利七害三，我就尽力地多保全利而防备害，又比较事情形势的轻重。也有九害而一利的，所以要干，是因为利比较重，害比较轻；利能很快得到，害

董邦达《慈山图》

发生的缓慢；利难以得到，害还可以挽救；利能延续久只是暂时的。这些情况都不能和浅见薄识的人谈论远。

# 当需等待　莫厌其久

【原文】　当需待，莫厌久，久时与得时相邻。若愤其久也而决绝之，是不能忍于斯须而甘弃前劳，坐失后得也，此从事者之大戒也。若看得事体审，便不必需，即需之久，亦当速去。

【译文】　应该等待的事情，不要厌烦久等，得到的时间已经接近了。如果害怕时间久而断然弃绝，这是不能忍耐短的时间而甘心放弃以前的辛劳，坐失后来可以得到的东西。这是处理事务的大戒。如果把事情看得很清楚，便不要等待；即使已等待了很长时间，也应当迅速离开。

# 退一步想　明智之举

【原文】　自奉必减几分方好，处世能退一步为高。

【译文】　对待自己，最好减几分享受；与世人相处，最好凡事能退一步想，才是明智的做法。

# 安贫乐道　清闲自在

【原文】　守分安贫，何等清闲，而好事者，偏自寻烦恼；持盈保泰，总须忍让，而恃强者，乃自取灭亡。

【译文】　能持守本分而安贫乐道，这是多么清闲自在的事，然而喜欢兴造事端的人，偏偏要自找烦恼。在事业极盛时，总要不骄不满，凡事忍让，才能保持长久而不衰退，因此仗势欺人的人，等于是自取灭亡。

# 行善济人　我为快意

**【原文】**　行善济人，人遂行以安全，即在我亦为快意；逞奸谋事，事难必其稳便，可惜他徒自坏心。

**【译文】**　做好事帮助他人，他因此而得到安逸保全，自己也会感到十分愉快；使用奸计，费尽心力去图谋，事情也未必就能稳当便利，只可惜他徒然坏了自己心肠。

# 以镜于人　吉凶可鉴

**【原文】**　不镜于水，而镜于人，则吉凶可鉴也；不蹶于山，而蹶于垤，则细微宜防也。

**【译文】**　如果不以水为镜，而以人为镜来反照自己，那么，许多事情的吉凶祸福便可以明白了；在高山上不易跌倒，在小土堆上却易跌倒，由此可知，愈是细微小事，愈要谨慎小心。

# 谨守规模　必无大错

**【原文】**　凡事谨守规模，必不大错；一生但足衣食，便称小康。

**【译文】**　凡事只要谨慎地守着一定的规则与模式，总不致于出什么大的差错；一辈子只要衣食无忧，家境便可算是自给自足了。

# 处世良方　吃亏为本

**【原文】**　十分不耐烦，乃为人大病；一味学吃亏，是处事良方。

【译文】　对人对事不能忍受麻烦，是一个人最大的缺点；对任何事情都能抱着不怕吃亏的态度，便是处理事情最好的方法。

## 所行之非　学日进矣

【原文】　知往日所行之非，则学日进矣；见世人可取者多，则德日进矣。

【译文】　知道自己过去有做得不对的地方，那么学问就能日渐进步；看到他人可学习的地方很多，自己的道德也必定能逐日增进。

## 敬重他人　也是敬己

【原文】　敬他人即是敬自己；靠自己，胜于靠他人。

【译文】　敬重他人，便是敬重自己；依赖他人，倒不如靠自己去努力。

## 见人行善　修己之功

【原文】　见人善行，多方赞成；见人过举，多方提醒，此长者待人之道也。闻人誉言，加意奋勉；闻人谤语，加意警惕，此君子修己之功也。

【译文】　见到他人有善良的行为，多多地去称赞他；见到他人有过失的行为，也能多多地去提醒他，这是年纪大的人待人处世的道理；听到他人对自己有赞美的言语，就更加勤奋勉励；听到他人毁谤自己的话，要更加留意自己的言行，这是有道德的人修养自己的功夫。

# 相似之物　实去甚远

**【原文】**　亡国之主似智，亡国之臣似忠。相似之物，此愚者之所大惑，而圣人之所加虑也。

**【译文】**　亡国的君主好像很聪明，亡国的臣子好像很忠诚。相似的事物，是愚昧无知的人深感迷惑，而圣人也最伤脑筋，需要用心思索的。说明对相似之物不注意辨察就可能造成严重后果。

周之冕《花卉图》

# 先知审征　无征难知

**【原文】**　先知必审征表。无征表而欲先知，尧、舜与众人同等。

**【译文】**　要先知必须审察事物的征兆和表象，没有征兆和表象却想先知，就是尧、舜也和一般人一样不可能做到。说明只有善于透过表象才能洞察事物的真实本质。

# 金刚则折　革刚则裂

**【原文】**　金刚则折，革刚则裂，人君刚则国家灭。

**【译文】**　金属太坚硬就容易折断，皮革太硬就容易裂开，为国君的刚愎自用就会使国家灭亡。

# 道不可见　事不可闻

**【原文】**　道在不可见，事在不可闻，胜在不可知。

**【译文】**　用兵之道的神妙在于众人都看不见，谋划事情的奥妙在于众人都听不见，出奇制胜的诀窍在于众人都不知道。

# 用贵玄默　动贵不意

**【原文】**　用莫大于玄默，动莫大于不意，谋莫善于不识。

**【译文】**　用兵上最要紧的莫过于神秘无言，行动上最要紧的莫过于出其不意，谋划时最要紧的莫过于使人捉摸不透。

# 攻贵无备　出贵不意

**【原文】**　攻其无备，出其不意。

**【译文】**　在敌人没有准备时发起攻击，行动出于敌人的意料之外。

## 善出奇者　广如天地

【原文】　善出奇者，无穷如天地，不竭如江河。

【译文】　善于出奇制胜的人，其战略战术就像天和地一样善于变化，就像奔流不息的江河一样无穷无尽。

## 兵无常势　因敌取胜

【原文】　兵无常势，水无常形，能因敌变化而取胜者，谓之神。

【译文】　军队打仗没有固定不变的战法，水没有固定不变的形态，能根据敌情变换战法而取胜的，叫做用兵如神。

## 将欲歙之　必固张之

【原文】　将欲歙之，必固张之；将欲弱之，必固强之；将欲废之，必固兴之；将欲夺之，必固与之。

【译文】　将要收敛它，必须暂且扩张它；将要削弱它，必须暂且增强它；将要废弃它，必须暂且兴起它；将要夺取它，必须暂且给予它。说明要达到目的，有时必须采取"欲擒故纵"的策略。

## 无备不虞　不宜出师

【原文】　不备不虞，不可以师。

【译文】　不预备意外，就不能出师作战。

## 治宜多变　政宜少变

【原文】　主贵多变，国贵少变。

【译文】　统治者的谋略贵在多变化，国家政局贵在少变动。

## 遵守根本　顺应变化

【原文】　宗原应变，曲得其宜。

【译文】　既遵守根本原则，又能顺应情况的变化，使各方面都处理得很得当。

## 兵有大要　知谋则得

【原文】　兵有大要，知谋物之不谋之不禁也，则得之矣。

【译文】　用兵有它的关键，如果懂得攻其无备，出其不意，那就掌握了用兵的关键了。

## 见利不失　遭时不疑

【原文】　见利不失，遭时不疑。失利涉时，反受其害。

【译文】　看到有利的条件就不能失去，碰到好的机会就不能迟疑。失掉有利条件，错过大好时机，就会反受其害。

# 凡修政教　当修适时

**【原文】**　凡修政教，当修之于可修之时，若事变一起，而后悔之，则无益也。

**【译文】**　凡是想要整治政治和教化，应该在可以整治的时候整治；不然事情一旦有了变化无法整治时，再后悔也没有用了。

# 两敌相峙　贵者机会

**【原文】**　两敌相峙，所贵者机会，此胜负存亡之分也。

**【译文】**　两支军队对峙，所宝贵的是有利的战机，胜败存亡的分界线就在这里。

# 行藏因时　不躁不陋

**【原文】**　时未至而为之，谓之躁；时至而不为之，谓之陋。

**【译文】**　时机还不成熟就急着去做，这叫急躁；时机已经成熟但还不去做，这叫愚陋。

# 无益于事　弃之可矣

**【原文】**　为之无益于成也，求之无益于得也，忧戚之无益于几也，则广焉能弃之矣。

**【译文】**　对于那些做了也无益于事情的成功，追求也无益于事情的实际效果，忧虑也无益于解决问题的事，那么就应当远远地将它抛弃掉。

## 全则必缺　极则必反

**【原文】**　全则必缺，极则必反，盈则必亏。先王知物之不可两大，故择物，当而处之。

**【译文】**　完美就会转向缺损，极端就会走向反面，满盈就会转向欠缺。先王知道不能两方面同时发展壮大，所以对于事物要加以选择，适宜做的才做。意思是，对立着的矛盾双方不能同时得以发展，所以做事不能要求十全十美，只能权衡利弊，择一而从。

## 用重要轻　世必笑之

**【原文】**　今有人于此，以随侯之珠弹千仞之雀，世必笑之。是何也？所用重，所要轻也。

**【译文】**　假如有这样一个人，用随侯之珠去弹千仞高的飞鸟，世人肯定会嘲笑他。这是什么原因呢？因为他所耗费的太贵重，所追求的太轻微了。说明做事要权衡得失利弊，不要得不偿失。

## 权不预设　变不先图

**【原文】**　权不可豫设，变不可先图；与时迁移，应物变化，设策之机也。

**【译文】**　权谋不能在情况未发生时就预先设计周全，对于变化的事物不能事先就谋划妥当；随着形势而转移，顺应事物而变化，这是确定策略的关键。强调随机应变。

## 善战致人　否则被致

【原文】　善战者致人，不致于人。

【译文】　善于指挥作战的人一定采取主动，而不被敌人所摆布。

## 公正治国　奇兵取胜

【原文】　以正守国，以奇用兵。

【译文】　管理国家，要依靠公正无邪的办事原则；打仗用兵，要用不拘一格的方式取胜。

## 为谋谨慎　乱况削减

【原文】　为谋为毖，乱况斯削。

【译文】　谋划谨慎，祸乱的情况就可以减少。

## 思之再思　又重思之

【原文】　思之，思之，又重思之。

【译文】　思考吧，思考吧，再重新思考一次吧。强调在决定问题时要反复考虑，三思而行。

# 举失国危　形过权倒

【原文】　举失而国危，形过而权倒，谋易而祸及，计得而强信。

【译文】　举措失当国家就会危险，过分暴露权谋就会失败，谋事轻率则招祸，计划得宜则发挥强力。

浙江《晓江风便图》（局部）

# 上离其道　下失其事

【原文】　上离其道，下失其事。毋代马走，使尽其力；毋代鸟飞，使弊其羽翼。

【译文】　在上位的脱离了轨道，居下位的官员就荒怠职事。不要代替马去跑，让它自尽其力；不要代替鸟去飞，让它充分使用其羽翼。

# 捷先之道　在知缓急

【原文】　凡兵，欲急疾捷先。欲急疾捷先之道，在于知缓徐迟后而急疾捷先之分也。

【译文】　凡用兵打仗，应该行动迅速，先发制人。要想行动迅速，先发制人，方法在于明辨迟缓、落后与迅速、抢先的区别。

## 先发制人　后发受制

【原文】　先发制人，后发制于人。

【译文】　首先发动进攻，就可以制服对方；后于别人发动进攻，就会被别人所制服。

## 功者难成　时者易失

【原文】　功者，难成而易败；时者，难得而易失也。时乎时，不再来。

【译文】　功业难于成功却容易失败，时机难于得到却容易丧失。时机啊时机，失去了就不会再来了。

## 天与弗取　反受其咎

【原文】　天与弗取，反受其咎；时至不行，反受其殃。

【译文】　上天赐与的东西不接受，反而会受到惩罚；时机到了不行动，反而会遭受灾祸。

## 仁不穷约　智不失时

【原文】　仁者不穷约，智者不失时。

【译文】　仁义的人是不会困坐愁城的，聪明的人是不会坐失良机的。

# 不去小利　大利不得

**【原文】**　不去小利，则大利不得；不去小忠，则大忠不至。故小利，大利之残也；小忠，大忠之贼也。圣人去小取大。

**【译文】**　不抛弃小利，大利就不能得到；不抛弃小忠，大忠就不能实现。所以说，小利是大利的祸害；小忠是大忠的祸害。圣人抛弃小者，选取大者。

# 小快害义　小慧害道

**【原文】**　小快害义，小慧害道，小辩害治，苛削伤德。

**【译文】**　在小事上逞一时之快就会伤害大的原则，耍弄小聪明就会损害治国大道，计较小事就会有害于大治，过分苛刻就会伤害大德。

# 千金之货　不争铢两

**【原文】**　逐鹿者不顾兔，决千金之货者不争铢两之价。

**【译文】**　追赶野鹿的猎手，是不会顾及兔子那样的小猎物的，决意成交价值千金货物的人，是不会在一铢一两的价格上计较不休的。喻做大事时就不要在细微末节上纠缠，以免因小失大。

# 举大事者　不拘细谨

**【原文】**　举大事不细谨，盛德不辞让。

**【译文】**　能干大事的人都不拘泥于细节，有高尚道德的人做事从不推托不前。

## 区分轻重　权衡得失

【原文】　贵轻重，慎权衡。

【译文】　重视区分事情的轻重缓急，审慎地权衡得失利弊。

## 顾小忘大　后必有害

【原文】　顾小而忘大，后必有害。

【译文】　凡事只顾细节而忘记大局，后来必定有祸害。

## 欲思其利　必虑其害

【原文】　欲思其利，必虑其害；欲思其成，必虑其败。

【译文】　要想得到好处，一定要考虑一下可能出现的害处；要想办成一件事，一定要考虑一下可能造成的失败。说明作计划，办事情，一定要充分考虑到不利的方面。

## 不慕虚名　不招灾祸

【原文】　不得慕虚名而处实祸。

【译文】　不能为了贪图虚名而招致实际祸害。

# 千钧之弩　万石之钟

【原文】　千钧之弩，不为鼷鼠发机；万石之钟，不以莛撞起音。

【译文】　有千钧之力的弓弩，决不会为了射击小老鼠而开动弩机，万石之重的大钟，不会因为小草茎的撞击而发声。

# 小利之谓　大利之贼

【原文】　小利大利之贼，小祸大祸之津。

【译文】　小便宜是大利益的祸害，贪图小惠是大祸到来的桥梁。意谓不能因小利而贻误大事。

# 进中有退　存中有亡

【原文】　进有退之义，存有亡之机，得有丧之理。

【译文】　进中包含着退的含义，存中包含着亡的可能，得中包含着丧的道理。

文徵明《真赏斋图》

## 凡人之患　蔽于一曲

**【原文】**　凡人之患，蔽于一曲，而暗于大理。

**【译文】**　人们认识上的通病，是被事物的一个片面所局限，而不明白全面的道理。

## 物可为小　不可为大

**【原文】**　物固有可以为小，不可以为大；可以为半，不可以为全者也。

**【译文】**　有的事物只可以在小范围起作用，不可以在大范围起作用；可以在一部分上起作用，不可以在全体上起作用。说明任何东西都有其适用范围，不可类推一切。

## 细安待大　大安待小

**【原文】**　细之安必待大，大之安必待小。细大贵贱交相为赞，然后皆得其所乐。

**【译文】**　局部的安定，一定要依靠全局的安定；全局的安定，也必定要依靠局部的安定。全局和局部、贵重和轻贱相互依赖支持，然后才能各得其所。

## 用力贵突　使智贵卒

**【原文】**　力贵突，智贵卒。得之同则速为上，胜之同则湿为下。

**【译文】**　用力贵在突发，用智贵在敏捷。同样获得一物，速度快的为优；同样战胜对手，拖延久的为劣。

## 智者举事　因祸为福

【原文】　智者举事，因祸为福，转败为功。

【译文】　聪明人做事情，能变不利因素为有利因素，从而使祸转化为福，使失败转化为成功。

## 失火之家　岂暇告人

【原文】　失火之家，岂暇先言大人而后救火乎！

【译文】　家中失了火，哪里来得及先告诉家长然后再去救火呢！喻指遇到非常之事不必拘守常规。

## 兵谋不测　贵出不意

【原文】　兵贵谋之不测也，形之隐匿也，出于不意，不可以设备也。谋见则穷，形见则制。

【译文】　用兵贵在谋划时他人难以测度，形迹善于隐蔽，这样，常常出其不意，使对方无法防备。如果密谋暴露就会陷入困境，形迹暴露就会被人所制。

## 军尚随机　期于合宜

【原文】　军事尚权，期于合宜。

【译文】　打仗的事重在随机应变，目的是符合实际需要。

## 粮食为本　奇正为始

**【原文】**　军以粮食为本，兵以奇正为始。

**【译文】**　军队要把粮食作为根本，用兵要把懂得何时对阵交锋、何时应设计奇袭作为基础。

## 听命却败　决非良将

**【原文】**　从令纵敌，非良将也。

**【译文】**　在战斗中，机械地执行上级命令，贻误战机，放走了敌人，决不是优秀的指挥员。

## 处危自谋　因危为功

**【原文】**　上智不处危以侥幸，中智能因危以为功，下愚安于危以自亡。

**【译文】**　最有智慧的人，不会在面临危险时抱着侥幸心理，而是依靠自己的努力去改善处境；具有中等智慧的人，能够因势利导，把危险变为成功的机会；最愚蠢的人，则是苟安于危险环境而自取灭亡。

## 谋藏于心　事见于迹

**【原文】**　谋藏于心，事见于迹，心与迹同者败，心与迹异者胜。

**【译文】**　计谋藏于心中，事情表现在外边，心里想的和外表流露的一致时，就失败了；心里想的和外表流露的相反时，就胜利。强调善于以假象迷惑敌人。

# 其心谋大 其迹示小

【原文】 心谋大，迹示小；心谋取，迹示与；惑其真，疑其诈。

【译文】 内心里策划着大的作战计划，而行动上表现为较小的行动；心里谋划着攻取，表面上表现为给予；以假乱真，使其迷惑，诡诈难料，使其迟疑不决。

# 时备不虞 军政之要

【原文】 时备不虞，军之善政。

【译文】 随时准备应付可能发生的意外事件，这是行军打仗的最好措施。

# 事有便宜 不拘常制

【原文】 事有便宜，而不拘常制；谋有奇诡，而不循众。

【译文】 处置一件事，应采取最有利的方式，而不要拘泥于那种固定的一般规定；计谋应具有出人意外、变化难测的特点，不应该迎合和曲从于一般人的见解。

# 用兵之道 知变为本

【原文】 用兵之术，知变为大。

【译文】 用兵的方法以懂得变化为最重要。

## 智不逆天　亦不逆时

**【原文】**　智者不逆天，亦不逆时，亦不逆人也。

**【译文】**　凡是有才智的人，不会背逆天时条件，也不会丧失时机，也不会违背人们的意志。

## 不应事机　是谓不智

**【原文】**　事机作而不能应，非智也；势机动而不能制，非贤也；情机发而不能行，非勇也。善将者，必因机而立胜。

**【译文】**　事情成功的机会到了却不能把握它，是不明智的表现；形势所提供的机会而不能掌握，是不贤能的表现；在人心向我，可以采取行动时而不行动，是不勇敢的表现。善于用兵打仗的人，一定要充分利用有利时机去取得胜利。

朱耷《仿董北苑山水图》

## 料敌在心　察机在目

**【原文】**　料敌在心，察机在目。

**【译文】**　熟知敌情，判断正确，取决于指挥员的敏锐思考；而决策及时不失良机，则取决于指挥员见识的运用。

# 时机易逝　重在迅速

【原文】　时来易失，赴机在速。

【译文】　时机一出现是很容易瞬息即逝去的，利用机会的关键在于迅速地抓住它。

# 坐昧先兆　必贻后诛

【原文】　坐昧先几之兆，必贻后至之诛。

【译文】　认不清形势，白白地错过预示胜利的机会，一定会受到随后而来的惩罚。

# 治理国家　健全制度

【原文】　经国序民，正其制度。

【译文】　治理国家，使人民安然有序，就要健全端正各项制度。

# 政者刑者　不可偏废

【原文】　政者，为治之具；刑者，辅治之法。

【译文】　政令是治理天下的工具，刑罚是辅助治理天下的法宝。意谓治理国家，既要有政令制度，也要有刑规罚则，二者不可偏废。

## 轻视法令　上位则危

**【原文】**　法虚立而害疏远，令一布而不听者存，贱爵禄而毋功者富，然则众必轻令而上位危。

**【译文】**　法律形同虚设，只加害于疏远之人；命令虽已公布，不听者安然无恙；随便封爵赐禄，无功者因而致富，那么人们必然要轻视法令而统治者的地位也就危险了。

## 有罪必罚　兴利除害

**【原文】**　于下无诛者，必诛者也；有诛者，不必诛者也。以有刑至无刑者，其法易而民全；以无刑至有刑者，其刑烦而奸多。夫先易者后难，先难而后易，万物尽然。明王知其然，故必诛而不赦，必赏而不迁者，非喜予而乐其杀也，所以为人致利除害也。

**【译文】**　百姓没有受刑罚的，是坚持有罪必罚的结果；百姓有犯法受刑的现象，才是未坚持有罪必罚造成的。从有刑到无刑，就能做到法律简易而人民得到保全；从无刑到有刑，法律就要烦琐而恶人反会增多。先易的后难，先难的后易，万事都是如此。明君懂得这个道理，所以该罚的绝不赦免，该赏的绝不拖延，这不是因为君主喜欢赏赐和乐于杀人，而是要为百姓兴利除害的缘故。

## 国皆有法　必行之法

**【原文】**　国皆有法，而无使法必行之法。

**【译文】**　国家都有法令，（可是国家却混乱，那是因为）没有保证法令能够实行的措施。最后一个"法"字指措施、办法。

## 知法懂法　极为必要

**【原文】**　吏明知民知法令也，故吏不敢以非法遇民，民不敢犯法以干法官也。

**【译文】**　官吏都清楚民众也懂得法令，所以他们就不敢以非法的手段来对待民众，民众也不敢犯法来冒犯法官。说明了民众知法、懂法的重要性。

## 以道之知　避祸就福

**【原文】**　为置法官吏为之师，以道之知，万民皆知知避就，避祸就福，而皆以自治也。

**【译文】**　设置推行法令的官吏当民众的老师，教导他们懂得法令，这样万民都知道应当躲避什么，趋向什么，知道怎样躲避祸害，趋向幸福，因而都能用法令自觉约束自己。强调让人民在懂法的基础上自觉守法。

## 刑人之本　在于止暴

**【原文】**　凡刑人之本，禁暴恶恶，且征其末也。杀人者不死，而伤人者不刑，是谓惠暴而宽贼也，非恶恶也。

**【译文】**　用刑罚处治犯人的目的，就在于禁止暴行，反对作恶，并且警戒以后发生类似的罪行。如果杀人者不被处死，伤人者不被判刑，这就叫做纵容暴行，宽容罪人，这就起不到反对作恶的作用了。

# 法而不议　职而不通

**【原文】** 法而不议，则法之所不至者必废。职而不通，则职之所不及者必漏。

**【译文】** 有了法度而不研究怎样实行，那么法令没有明确规定到的地方就一定会出问题。职权范围不能相互沟通，那么职权所涉及不到的地方就会出现漏洞。

# 奖赏守法　惩治抗令

**【原文】** 法者，宪令著于官府，刑罚必于民心，赏存乎慎法，而罚加乎奸令者也。

**【译文】** 所谓法，它的法令条文在官府中制订出来，刑罚观念必须深入到百姓的心中，要奖赏那些谨慎守法的人，惩治那些违抗禁令的人。

# 不依法律　可谓无法

**【原文】** 治民不秉法，为善也如是，则是无法也。

**【译文】** 治理百姓不依法办事，行善到这种程度，那么就等于无法可依。

# 立义顺法　遏绝其根

**【原文】** 立义顺法，遏绝其原，初虽憸悷憎于一人，然其终也长利于万世。

**【译文】** 设立礼义方面的规范，遵循法律办事，遏绝坏事产生的根源，虽然使最先受到惩处的人蒙受了耻辱和羞愧，然而最终是有利于千秋万代的。犹言法律虽然对少数人是无情的，但对多数人和长远是有好处的。

# 用心治理　圣人所用

**【原文】** 圣人能用天下，而后天下乐为之用。圣人以心用天下，以形用心，用者，无用者也，众用之所恃以为用者也。若与天下竞智勇，角聪明，则穷矣。

**【译文】** 圣人能对天下的治理发挥作用，然后天下人才乐于为圣人所用。圣人是用心来治理天下，以行为来为心所用。圣人的用，也就是不用，即不用自己亲自去做，而是作为众人的依靠来发挥作用的。如果是和天下之人竞智斗勇，比赛谁聪明，圣人是没有办法的。

# 有制之兵　无能之将

**【原文】** 有制之兵，无能之将，不可以败；无制之兵，有能之将，不可以胜。

**【译文】** 有严明法纪的军队，即使指挥它的将领才能差些，也不会被打败；毫无法纪的军队，即使指挥它的将领再有才能，也打不了胜仗。

高凤翰《雪景竹石图》

## 法令大弛　是非易位

【原文】　法大弛，则是非易位。赏恒在佞，而罚恒在直。

【译文】　法制完全废弛，是与非就颠倒了。赏赐就会常常给与奸佞之徒，而惩罚却加之于正直之士。

## 国之权衡　时之准绳

【原文】　法，国之权衡也，时之准绳也。权衡所以定轻重，准绳所以正曲直。

【译文】　法律是治理国家的度量衡，是时代一切事物的准绳。权衡是用来确定轻重的，准绳是用来校正曲直的。

## 治理国家　正其制度

【原文】　经国序民，正其制度。

【译文】　治理国家，使人民安然有序，就要健全端正各项制度。

## 为治之具　辅治之法

【原文】　政者，为治之具；刑者，辅治之法。

【译文】　政令是治理天下的工具，刑罚是辅助治理天下的法宝。意谓治理国家，既要有政令制度，也要有刑规罚则，二者不可偏废。

# 治国之道　和平仁厚

**【原文】** 　《关雎》是个和平之心，《麟趾》是个仁厚之德，只将和平仁厚念头行政，则仁民爱物，天下各得其所。不然《周官》法度以虚文行之，岂但无益，且以病民。

**【译文】** 　《诗经》中《关雎》这首诗表现了一种和平的心境，《麟趾》这首诗表现出仁厚的品德。只要把这和平仁厚的念头用于治理国家，则会仁民爱物，天下人就能各得其所。不然《周礼》中所讲的法度只能作为一纸空文在世上流传，不仅没有益处，还会使人民感到不方便。

# 治国要道　正气为先

**【原文】** 　庙堂之上以养正气为先，海宇之内以养元气为本。能使贤人君子无郁心之言，则正气培矣；能使群黎百姓无腹诽之语，则元气固矣。此万世帝王保天下之要道也。

**【译文】** 　君主治理天下，在朝廷，应该以养正气为先，在海内，应该以养元气为本。使贤人君子没有闷在心里的话，正气就可得到培养了。使黎民百姓心中没有怨言，元气就坚固了。这是历代帝王保持国家太平的要道啊！

# 公平世界　无夺无冤

**【原文】** 　六合之内，有一事一物相凌夺假借而不各居其正位不成清世界，有匹夫匹妇冤愤懑而不得其分愿不成平世界。

**【译文】** 　天地四方之内，有一事一物被凌夺被假借而不能居于正当的地位，就成不了清静世界；有一个平民百姓冤抑愤懑而得不到他应得的东西，就成不了公平的世界。

# 衰败之世　法胜夺礼

**【原文】**　圣明之世，情、礼、法三者不相忤也。末世情胜则夺法，法胜则夺礼。

**【译文】**　在政治清明的世道，情、礼、法这三者不是互相对立的。到了衰败的世道，人情胜过了法律，法律就不起作用了；法胜过了礼，礼就不存在了。

# 知微知彰　天下无祸

**【原文】**　天下之祸，成于怠忽者居其半，成于激迫者居其半。惟圣人能销祸于未形，弭患于既著，夫是之谓和微知彰。知微者不动声色，要在能察几，知彰者不激怒涛，要在能审势。呜呼！非圣人之智，其谁与于此。

**【译文】**　天下的祸由怠忽造成的有一半，由激迫造成的有一半。只有圣人能在祸患未成形时就消除它，在祸患已显著时让它停止。这就叫做知微知彰。知微，就是不动声色，主要是在事物有了微兆时就能察觉；知彰，就是不激怒涛，主要是能够审时度势。啊！如果不是圣人的智慧，谁能做到这样呢？

# 职责分明　权限清楚

**【原文】**　君臣异道则治，同道则乱，各得其宜，处其当，则上下有以相使也。

**【译文】**　君主与臣下之间在职责和工作方法上不同，国家才能治理得好；如果相同，国家就乱了。上下级应当各自做好应当做的工作，各自居于自己应当处的位置，这样上下才能协调，发挥好各自的作用。主张上下级之间要职责分明，权限清楚，各处其位，各尽其职。

## 君臣争事　国之危矣

【原文】　君人者释所守而与臣下争事，则有司以无为持位，守职者以从君取容，是以人臣藏智而弗用，反以事转任其上矣。

【译文】　做君主的扔下自己职责内的事不干而与臣下抢事干，那么官吏便以碌碌无为来保持职位，尽责守职者也以顺从来求得君主的欢欣。这样，群臣便都把智慧藏起来而不为君主所用，而且反过来把自己份内的事情转嫁给上级。

## 干涉太多　无所适从

【原文】　终日问之，彼不知其所对；终日夺之，彼不知其所出。

【译文】　上级领导整天事无巨细，什么都过问，下级就不知道怎样答对才好；整天侵夺下级的职权，替他们做事，下级就不知道怎么做才好。谓上级不要对下级的工作侵夺干涉太多，以致弄得他们无所适从。

张瑀《文姬归汉图》

# 各司其任 上下咸得

**【原文】** 主代臣事，则非主矣；臣秉主用，则非臣矣。故各司其任，则上下咸得。

**【译文】** 君主代替臣下做事，就不是君主了；臣下的权力被君主所用，就不是臣下了。所以君臣各司其职，上下都各得其所。

# 不亲小劳 不侵众官

**【原文】** 不炫能，不矜名，不亲小劳，不侵众官。日与天下之英才，讨论其大经。犹梓人之善运众工而不伐艺也。

**【译文】** 不显示自己的才能，不抬高自己的名声，不亲自去干各种琐碎的事务，不侵犯各类官员的权利，每天跟天下杰出的人才一起讨论管理国家的大政方针。这就好像建筑师善于指挥各种工匠而不夸耀自己的手艺一样。

# 贤君治国 把握要点

**【原文】** 古人有言："主好要则百事详，主好详则百事荒。"尝探是说，以考古今之治乱，盖无有不原于此者。

**【译文】** 古人有这样的说法："君主治理国家喜欢把握要点，百事就周详；君主治理国家喜欢面面俱到，百事就容易荒废。"我曾探讨过这种说法，并用以考察古今的治世或乱世，大概没有不出自这种说法的。

# 忠于本职　尽职尽责

【原文】　三代人主虚心恭己以论相于上。自庶言、庶狱、庶事不敢兼和，以乱其纯一，而汩其聪明。是以届堂之间，必得贤相；而相总领众职，进退百官，亦无有不得其人。某人治某事，某人居某职，予之者不敢轻，而得之者不敢慢。恪守官常，惟职是举，夫然后道德政事并行而不偏废。

【译文】　夏、商、周三代君主以谦虚谨慎和端正严肃的态度来约束自己，并选择好统领百官的宰相。来自下边的各种言论，各种诉讼案件和各种事务，不敢全部了解和掌握，怕扰乱自己纯朴的本性和天赋的才智。所以朝廷里，一定选好贤明的宰相；而宰相领导各种职能部门，引存和罢黜下级官吏，也没有不符合本人实际情况的。某人处理某种事务，某人担任某种职务，委任他们职事的人不敢掉以轻心，而取得职事的人不敢玩忽职守。忠于本职，尽职尽责，只有这样，道德教育和行政事务才能同时进行而不偏废。

# 天下之务　重于兵吏

【原文】　方今天下之务，莫重于兵吏，其次莫重于刑狱钱谷，然使庙堂之上操约御详，惟二三大臣，是究是图，是信是使。彼大臣既得其人，则百官有司之间，亦莫不各当其职。夫然后付之以兵吏之事、刑狱之事、钱谷之事。为祝者不使之治庖，为工者不至于易技。至于斯时，谁敢不究心奉职，以济吾所欲为耶？

【译文】　当今天下的各种事务，没有比军事吏治更为重要的了，其次没有比刑罚钱粮更为重要的了。然而在朝廷上掌握大政方针统理万机的，只有两三个大臣而已。他们研究谋划治国方略，任命委派官吏。那些执政大臣既然得到合适的人选，那么各司其职的各级官吏之间，也无不称职。然后再向有关官吏授予军事吏治、刑罚、财政等方面的职责。作巫祝的，不能让他们去管理厨房；作工匠的，不至于改变各自的技能。到了这个时候，谁敢不尽心守职，来成就我的志向呢？

## 本末倒置　国之将危

【原文】　人主以多事自弊，而百官有司皆以虚文为欺。盖本末上下始为之颠倒错乱。

【译文】　帝王因多事而使自己陷入困境，而各级官吏和各职能部门用不实之辞来欺骗帝王。事情的本末和上下级关系开始因此颠倒错乱。

## 只患不遇　不患贫贱

【原文】　丈夫患不遇，岂患长贱贫。

【译文】　意谓胸怀大志的人只会因为没有施展志向的机会而忧虑，怎么会为自己总是处在贫贱的地位而忧虑呢？

## 贵名之取　不可夸诞

【原文】　贵名不可以比周争也，不可以夸诞有也，不可以势重胁也。

【译文】　意谓名誉声望不能用不正当手段获取，不能靠吹牛皮得到，更不能靠权势来夺得。

## 老将至兮　患名不立

【原文】　老冉冉其将至兮，恐修名之不立。

【译文】　意谓自己的年纪越来越大了，担心的是不能成就伟大的功业。

## 善不外来　名不虚作

【原文】　善不由外来兮，名不可虚作。

【译文】　意谓良好的声誉只能靠自己的努力去争取，而不能靠弄虚作假来骗得。

## 垂名万世　行之纤微

【原文】　垂大名于万世者，必先行之于纤微之事。

【译文】　意谓名垂青史的大人物都是首先从一点一滴的小事做起的。

## 高风亮节　世人传颂

【原文】　古者富贵而名磨灭，不可胜记，唯倜傥非常之人称焉。

【译文】　意谓历史上许许多多富贵之人都被人们忘记了，而只有那些高风亮节之人为世人所称颂。

## 贪图小利　难成大事

【原文】　欲速则不达，见小利则大事不成。

【译文】　意谓急于求成往往不能成功，贪图小利便难以成就大事。

## 缘木求鱼　劳而无功

【原文】　采薜荔兮水中，搴芙蓉兮木末。

【译文】　意谓薜荔本生于陆地，却到水里去采；芙蓉本生于水中，却到树梢上去摘。喻指方向错了，必定劳而无功。

## 不为之后　可以有为

【原文】　有不为而后可以有为。

【译文】　意谓只有放弃某些事情，才能做好该做的事情。

## 一家二主　事乃无功

【原文】　一家二贵，事乃无功。

【译文】　意谓一个家庭有两个当家人，那么这个家是不会管得好的。

## 急于求成　失败之因

【原文】　好成者，败之本也。

【译文】　意谓办事总想急于求成，这是事情失败的根本原因。

## 力小任重　成事不足

【原文】　志大心劳，力小任重，恐终败事。

【译文】 意谓志向远大而心力不足，力气弱小而负担沉重，这样做事情恐怕最终还是会失败的。

## 刚则易断　锐则易挫

【原文】 强者折，锐者挫，坚者破。

【译文】 意谓绷得太紧的东西容易拉断，太尖锐的东西容易挫折，太坚硬的东西容易破裂。

## 兔死狗烹　敌灭臣亡

【原文】 狡兔尽，则良犬烹；敌国灭，则谋臣亡。

【译文】 意谓狡猾的兔子被捕完了，那良犬就要被煮着吃了；敌对之国灭亡了，那些谋臣也就该被杀戮了。

徐霖《菊石野兔图》

## 号令既明　刑罚勿弛

【原文】 号令既明，刑罚亦不可弛，苟不用刑罚，则号令徒挂墙壁上耳。与其不遵以梗吾治，曷若惩其一以戒百。

【译文】 号令既已申明，刑罚也不可放松，如果不用刑罚，那么号令只能白白挂在墙壁上。与其一些人不遵守法律以阻碍我们的治理，怎么比得上惩治他一个而警告更多的人。

# 圣人之治　审于法禁

**【原文】**　圣人之治也，审于法禁，法禁明著则官法。

**【译文】**　圣人治理天下，对于法律的制订是很审慎的，法律明确，官吏才能守法。

# 饰法不迁　法平吏治

**【原文】**　饰令则法不迁，法平则吏无奸。

**【译文】**　时常整顿法令，法令就不会变迁，国家常法稳固，那么官吏就不会有奸邪的行为。

# 礼烦不庄　业烦无功

**【原文】**　礼烦则不庄，业烦则无功，令苛则不听，禁多则不行。

**【译文】**　礼节繁琐了反而不庄重，事业繁多反而不成功，命令过于严苛就没有人听从，禁令多了反而行不通。说明施政行令不要搞过了头，过严过繁只会适得其反。

# 必同法令　所以一心

**【原文】**　有金鼓，所以一耳，必同法令，所以一心也。

**【译文】**　设置金鼓，是为了用来统一士兵的听闻；法令一律，是为了用来统一人民的思想。

## 王者为民　治则必明

【原文】　王者为民，治则不可以不明，准绳不可以不正。

【译文】　君主为民执政，治理国家的准则不可以不明确，法度规章不可以不端正。

## 事寡易从　法省易因

【原文】　事寡易从，法省易因，故民不以政获罪也。

【译文】　国家政事少，人民容易服从，法规简要，人民容易遵守，所以人民不会因政事的问题而犯罪。

## 政事简易　民有亲近

【原文】　政不简不易，民不有近；平易近民，民必归之。

【译文】　国家政事若不简化易行，百姓就不会亲近；若为政之道能平易亲近民众，民心必然归附。

## 有道以统　足以化矣

【原文】　有道以统之，法虽少，足以化矣；无道以行之，法虽众，足以乱矣。

【译文】　有正确的思想原则来统率指导，法律数量虽少，但足以使人民得到教化；没有正确思想指导，法律虽然很多，但足以使社会混乱。

# 刑靡定法　律无定条

**【原文】**　刑靡定法，律无定条，徽缧妄施，手足安措。

**【译文】**　实施刑罚没有稳定的法律，法律没有适当的条款，任意拘捕和关押人，让老百姓把手脚放在何处？

# 诏令格式　若不常定

**【原文】**　诏令格式，若不常定，别人心多惑，奸诈益生。《周易》称"涣汗其大号"，言发号施令，若汗出于体，一生而不复也。

**【译文】**　法令制度的条文如果不能保持稳定，人们就会无所适从，坏人就会钻空子。《周易》上说："涣汗其大号"，就是说发号施令就像身体出汗一样，一旦出去就不能再回来了。

# 刑罚不用　不以成治

**【原文】**　迂儒识见看得二帝三王事功只似阳春雨露，妪煦可人，再无一些冷落严肃之气。便是慈母也有诃骂小儿时，不知天地只恁阳春成甚世界？故雷霆霜雪不备，不足以成天威怒；刑罚不用，不足以成治。

**【译文】**　迂儒的识见只看那二帝三王事业像阳春雨露，温暖滋润可人之意，没有一点冷落严肃之气。其实即使是慈母也有诃骂小儿的时候，不知天地只有阳春会成个什么世界？因此说没有雷霆霜雪，不足以显示天的威怒；刑罚不用，不足以治理国家。

# 囹圄之中　小人学校

【原文】　君子见狱囚而加礼焉，今以后皆君子人也，可无敬与？噫！刑法之设，明王之所以爱小人而示之以君子之路也。然则囹圄者，小人之学校与！

【译文】　君子看到狱囚也以礼相待，因为从今以后这些囚犯也都可能成为君子一样的人，能不尊敬吗？噫！刑法的设立，是英明的君主用以表示爱小人并给他们指出一条通向君子的道路啊！所以说囹圄，就是小人的学校。

# 说破唇舌　浑如醉梦

【原文】　守令于民，先有知疼知热如儿如女一副真心肠，甚么爱养曲成事业做不出？只是生来没此念头，便与说绽唇舌，浑如醉梦。

【译文】　郡守县令等官吏对于民众，先有知疼知热，如待儿待女的一副真心肠，什么爱民养民、艰难困苦难以成功的事业做不出来？只是生来没有这个念头，就是和他说破唇舌，他也如在醉梦之中。

李流芳《山水花卉图册》之一

# 改变状况　治理入手

【原文】　兵、士二党，近世之隐忧也。士党易散，兵党难驯。看来亦有法处，我欲三月而令可杀，杀之可令心服而无怨，何者？罪不在下故也。

**【译文】** 兵和士这两种人，是近世隐藏的忧患啊！读书人容易离心离德，兵士难以驯服。看来也有办法改变这种状况，我能做到三个月可以让他们听从号令，如不听从的，即使将他们处死，也可以做可让他们心服口服而无怨言。为什么呢？因为罪责不在下面的人，我就是要从治理上面的人入手。

## 宰相之道　无私有实

**【原文】** 或问宰相之道，曰：无私有识。冢宰之道，曰：知人善任使。

**【译文】** 有人问怎样才能当好宰相。我回答说：无私有识。又问怎样才能当好吏部尚书，我回答说：善于知人善于任用。

## 家必自毁　而后人毁

**【原文】** 家必自毁，而后人毁之。

**【译文】** 意谓一个家庭必定是内部先起矛盾，自相诋毁，然后外人才敢趁火打劫。

## 药石去矣　亡无日矣

**【原文】** 药石去矣，吾亡无日。

**【译文】** 意谓治病的药和针都没有了，我离死亡的日子就不远了。喻指一个人或政权如果缺乏批评，很快就会垮台。

## 多见阙殆　慎行其余

**【原文】** 多闻阙疑，慎言其余，则寡尤；多见阙殆，慎行其余，则寡悔。言寡尤，行寡悔，禄在其中矣。

【译文】　多听，对疑惑不解的问题不随意评论，对其他有把握的问题也要谨慎地评论，那么就可少犯错误；多看，不要参与有危险的活动，有把握的事也要谨慎地去做，那么就能少后悔。说话少犯错误，做事少后悔，也就能做官了。

## 言谈不慎　导致灾难

【原文】　子曰："敌之所生也，则言语以为階。君不密则失臣，臣不密则失身。凡事不密则害成。是以君子慎密而不出也。"

【译文】　孔子说："言谈不谨慎，往往导致灾难的发生，君主不慎密则失去臣子，臣子不慎密则失去性命。机密要事不能保密则不能取得成功。因此君子谨慎地保守秘密而不乱说乱动。"

## 几事不密　至于害成

【原文】　精喻者不待言，不获已而有言，荣辱分矣。居室之词，应乎千里，几事不密，至于害成，君子所以慎密而弗出也，口之溺人也，甚于渊，故言必稽其所终，听必原其所始，岂特金人之慎哉！

【译文】　善于说明问题的人不依赖语言，万不得已要用语言去表达，就会有荣辱的区别。室内说的话，有可能传到千里之外，机密的事情不能保密，必定会遭到失败，这就是君子谨慎地保守秘密而不随意说话的原因。言语不慎带来的杀身之祸，甚至比陷入深渊还要厉害。因此说话一定要考虑后果，对所听到的话也一定要追查它的来源，（如此谨慎地对待言谈，）岂只是像铜像那样简单地闭口不语！

## 三缄之喻　君子慎之

【原文】　崇默。言者，吉凶荣辱之枢机也。为官常默最妙，使下人不能窥则，是非曲直，止以数言剖之。故万言万中，不如一默；方喜方怒，尤宜切言，盖轻诺招尤，漏言偾事，一词轻发，驷马难追。故寡言者，存心养气、修德蓄威之助也。三缄之喻，君子慎之。

**【译文】** 崇尚沉默寡言。言语，是吉凶荣辱的关键。当官的经常保持缄默最妙，这样可使他统治下的人不能窥测到他的思想，判断是非曲直时，只用简明扼要的话。因此说一万句切中事理的话不如缄默不语，在发怒或者高兴时，尤其应该注意不要多说话，因为轻易地许下诺言会招来怨恨，泄漏了机密则会败坏事情，随意说的一句话，再也难以收回。因此说沉默寡言有助保存本心、培养气度，修养品德、加强威严。铜人像三封其口的事，值得君子深思。

## 敬尔由狱　长我王国

**【原文】** 式敬尔由狱，以长我王国。兹式有慎，以列用中罚。

**【译文】** 要谨慎地处理各种诉讼，使我们国家长治久安。对刑罚要谨慎，仔细判案，处以恰当的刑罚。

## 小心谨慎　慎终如始

**【原文】** 为政者不难于始而难于克终也。初焉则锐，中焉则缓，末焉则废者，人之情也。慎终如始，故君子称焉。

**【译文】** 出仕为官，开始不难，难的是能一直很好地做到告老还乡，刚开始时锐气十足，中间便开始松劲了，到后来则很不负责，这乃是人之常情。谨慎小心、始终如一，才能得到君子的称赞。

## 听言不察　取乱之道

**【原文】** 听言不可不察，不察则善、不善不分。善、不善不分，乱莫不焉。

**【译文】** 听到有关言论时，不可不考察，否则就分不清好、坏。分不清好坏，就会使社会动荡不安。

# 偶听诽谤　不可轻信

**【原文】** 闻毁不可遽信要看毁人者与毁于人者之人品。毁人者贤，则听毁者损；毁人者不肖，则听毁者重考察之。年闻一毁言如获琪璧，不暇计所从来，枉人多矣。

**【译文】** 听到某人对某人的诽谤时，不可轻易相信，要看说的人和被说的人各自的品行。说的人有德行，那么被说的人不好；说的人不正派，那么对被说的人要多多考察。每年听到一句诽谤的话便像得到一块大玉璧一样，（勿忙处理），不用点时间去考察一下它是从哪里传来的，（长此以往），一定会冤枉很多人。

# 严格自己　先己后彼

**【原文】** 先慎于己而后彼，官亦慎内而后外。

**【译文】** 首先严格要求自己，然后再要求别人；官府也应首先管好内部，然后才管好外部。

# 其身不正　虽令不从

**【原文】** 其身正，不令而行；其身不正，虽令不从。

**【译文】** 上面的人行为正派，就是不发布命令下面也会执行；上面的人行为不正派，就是发布命令下面也不会听从。其：指上面的人，执政者。

董其昌《昼锦堂图》

# 独任其智　其失必多

【原文】　君好智则倍时而任己，弃数而用虑，天下之物博而智浅，以浅澹博，未有能者也。独任其智，失必多矣。

【译文】　君主喜欢耍弄自己的聪明就会违背现实情况而只依靠自己一个人，抛弃正确的策略方法而只用自己的心计。天下的事物是广博的，而个人的智虑毕竟是浅薄的，用浅薄来应付广博，谁也没有这样的能力。只依靠自己的智慧，失误必然很多。

# 君者无任　以职受任

【原文】　君者固无任，而以职受任。工拙，下也；赏罚，法也；君奚事哉？

【译文】　做君主的人，本来在具体事务方面就没有什么职责，而是要根据臣下的职位委派他们的职责。事情做得好坏，由臣下负责；该赏该罚，由法律规定，君主哪里用得着亲自做事呢？

# 小弦虽急　大弦必缓

【原文】　位愈尊而身愈佚，身愈大而事愈少。譬次张琴，小弦虽急，大弦必缓。

【译文】 职位愈尊贵，身心就愈安闲；身上担负的职务越大，直接去做的事情就越少。这好比给琴上弦，小弦虽然可以紧一些，但大弦必须松缓。

# 劳于求人　安逸任使

【原文】 劳聪明于求人，获安逸于任使。
【译文】 使耳朵和眼睛辛苦一些，用来访求人才；一旦得到人才，使他们得以信任和使用，自己就得到安逸超脱了。

# 无为亲事　为于用臣

【原文】 工人无为于刻木，而有为于用斧；主上无为于亲事，而有为于用臣。
【译文】 伐木工人在雕刻木头方面是无所作为的，而在用斧子砍树方面应该大有作为；君主在亲自做事方面可以无所作为，但在使用臣子方面却应大有作为。主张君主的主要责任是用人，而不是亲自做事。

# 君道知臣　臣术知事

【原文】 君道知臣，臣术知事。
【译文】 作君主的道理，就是了解臣子，作臣子的本事就是熟知具体的事情。

# 欲言无失　殊为不易

【原文】 天下之大，兆民之众，事有万变，日有万机，人君以一身一心而酬酢之，欲言之无失，岂能易哉？

【译文】　面对整个天下，亿万百姓，事有万变，日有万机的复杂情况，以君王一个人、一条心去应付，想要一句话也不说错，难道是容易办到的吗？

# 权收之上　一人难操

【原文】　尽天下一切之权收之在上，而万几之广，固非一人所能操也。

【译文】　把天下的一切权力都集中在朝廷，而政事这么多，当然不是一个人所能掌握得了的。

# 人不己若　危亡之媒

【原文】　人不己若，危亡之媒也。

【译文】　总以为别人不如自己，这是发生危亡的媒介。

# 庶狱庶慎　罔敢加焉

【原文】　文王罔攸兼于庶言，庶狱庶慎，惟有司之牧夫是训用违。庶狱庶慎，文王罔敢知于兹。

【译文】　文王不去代替他的官员发布命令，对于处理司法方面的事情，管理臣民的事情，都是根据主管官员牧夫的意见而决定去取，文王对这些事情是不敢加以不适当的干预的。

# 荣辱在君　爱憎在人

【原文】　自委质后，终日做底是朝廷官，执底是朝廷法，干底是朝廷事。荣辱在君，爱憎在人，进退在我。吾辈而令错处把官认作自家官，所以万事顾不得，只要保全这个在，扶持这个尊。此虽是第二等说话，然见得这个透，还算五分人。

**【译文】** 自从把自己的一切都交给国家以后，终日做的是朝廷的官，执的是朝廷的法，干的是朝廷的事。是使我光荣还是耻辱，权力在君；是爱我还是恨我，这在于别人；是努力于政务还是向后退，这在于自己。我们这些当官的人现在错把这个官当作自家的官，因此万事都顾不得，只要保全住这个官，保住这个尊严。这虽是说的第二等的话，然而对这点能看清楚，还算是五分人。

## 无奉行人　法纪何用

**【原文】** 铦矛而秼梃，金失而秸弓，虽有《周官》之法度而无奉行之人，典谟训诰何益哉！

**【译文】** 锋利的矛，而用秼子秆做梃；金属的箭头，而用秸杆做弓。虽然有《周礼》所规定的严密的法度，而没有奉行的人，这些典谟训诰又有什么用处呢？

## 设立法度　兴利除害

**【原文】** 其立法也，非以苦民伤重而为之机陷也，以之兴利除害，尊主安民而救暴乱也。

**【译文】** 设立法度，不是为了伤害民众，使百姓受苦而设置的机关和陷阱，而是靠它来兴利除害，使君主更加尊重，使人民更加安定，并且能挽救暴乱的危机。

## 法制废弛　是非颠倒

**【原文】** 法大弛，则是非易位。赏恒在佞，而罚恒在直。

赵孟頫《秀石疏林图》

**【译文】** 法制完全废弛，是与非就颠倒了。赏赐就会常常给与奸佞之徒，而惩罚却加之于正直之士。

## 法律准绳　以正曲直

**【原文】** 法，国之权衡也，时之准绳也。权衡所以定轻重，准绳所以正曲直。

**【译文】** 法律是治理国家的度量衡，是时代一切事物的准绳。权衡是用来确定轻重的，准绳是用来校正曲直的。

## 圣贤心肠　英雄才识

**【原文】** 当事者须有贤圣心肠、英雄才识。其谋国忧民也，出于恻怛至诚；其图事揆策也，必极详慎精密。踌躇及于九有，计算至于千年。其所施设安得不事善功成、宜民利国。今也怀贪功喜事之念，为孟浪苟且之图，工粉饰弥缝之计，以遂其要荣取贵之奸，为万姓造殃不计也，为百年开衅不计也，为四海耗蠹不计也，计吾利否耳。呜呼！可胜叹哉！

**【译文】** 当权的人须有圣贤心肠、英雄才识。为国家谋划，为人民担忧，出于至诚和同情；计议事情，筹划策略，必须详慎精密。周密地考虑，要从九域着眼；精确地计算，要想到千年久远。这样做，所提出的措施办法怎能不事善功成、宜民利国呢？现在当权的人只怀着贪功喜事的念头，做那些鲁莽苟且的事情，善于做那些粉饰和涂沫的表面工夫，来实现其要荣取贵的奸谋，是否会给百姓带来祸殃，他们是不考虑的。是否会给百年大计造成了一个不好的开端，他们不放在心上。也不计算消耗了天下多少财力，只计算对自己有利无利。唉！对这种情况，真是感叹不尽啊！

# 为人上者　不能不甚

**【原文】**　为人上者最怕器局小、见识俗，吏胥舆皂尽能笑人，不可不慎也。

**【译文】**　居于人上的人最怕器局小、见识俗。那些官府的小吏、轿夫和仆隶也都会笑话人，所以不能不谨慎。

# 治理国政　以宽为主

**【原文】**　为政者立科条、发号令，宁宽些儿，只要真实行，永久行。若法极精密而督责不严、综核不至，总归虚弥，反增烦扰。此为政者之大戒也。

**【译文】**　治理国政的人制订法律条规，发布号令，宁肯放松一些，只要求认真实行，永久执行。如果法令极其严密而督责不严、考核不到，总归还是一纸虚文，这样做只会增添烦扰而已。这是为政者的大戒。

# 相安相习　不至于乱

**【原文】**　民情不可使不便，不可使甚便。不便则壅阏而不通，甚者令之不行，必溃决而不可收拾。甚便则纵肆而不检，甚者法不能制，必放溢而不敢约束。故圣人同其好恶以体其必至之情，纳之礼法以防其不可长之渐，故能相安相习而不至于为乱。

【译文】 对于民情，不可使他们不便利，又不能太便利。不便利则壅塞不通，甚至命令不能实行，必溃决不可收拾。太便利则放纵恣肆而不加检点，甚至法律都不能控制，必放溢而不敢约束。因此圣人和民众好恶相同，以体会他们不得已之情，并纳于礼法之中，防止那些不可让它滋长的错误苗头，因此能相安相习而不至于为乱。

## 勿于庶狱　有司之夫

【原文】 其勿误于庶狱，惟有司之牧夫。

【译文】 不要自作主张，去于涉司法方面的事情，应让有关的官员去负责办理。

## 乱主自智　败而祸生

【原文】 乱主自智也，而不因圣人之虑；矜奋自功，而不因众人之力；专用已，而不听正谏。故事败而祸生。

【译文】 昏君自恃聪明，而不能依靠有智慧的人谋划；自己逞能，而不依靠众人的力量：一意孤行，而不听正确的劝谏，所以事败而生祸。

## 不言朝治　大臣之功

【原文】 不言智能，而朝事治，国患解，大臣之任也，不言于聪明，而善人举，奸伪诛，视听者众也。

【译文】 君主不宣扬自己的智慧能力，却能使朝中之事得治，国家之患得除，这是因为任用大臣的缘故。君主不表现自己的聪明，却能使善人得用，奸伪之人被诛，这是因为替国家进行监督的人众多的缘故。

# 明主自身　安逸多福

【原文】　明主不用其智，而任圣人之智；不用其力，而任众人之力。故以圣人之智思虑者，无不知也；以众人之力起事者，无不成也。能自去而因天下之智力起，则身逸而福多。

【译文】　明主不用他自己的智慧，而依靠圣人的智慧；不用他自己的力量，而依靠众人的力量。所以，用圣人的智慧思考问题，就没有不了解的事情；用众人的力量举办事业，就没有不成功的事业。能做到个人放手而依靠天下人的智慧与力量推动国事，那就自身安逸而多得其福了。

# 无用之辩　弃而不用

【原文】　无用之辩，不急之察，弃而不治。

【译文】　没有用的辩说，不切需要的考察，应当抛弃不要。强调要善于精简事务。

# 安逸而治　治国方略

【原文】　佚而治，约而详，不烦而动，治之至也。

【译文】　安闲却又把国家治理得很好，办事很简要又很周到，不劳烦而又很有成效，这是最高明的治国方法。

# 治理天下　抓其要领

【原文】　总天下之要，治海内之众，若使一人。故操弥约而事弥大。

【译文】　掌握了治理天下的要领，那么治理起国内百姓来，就像支配一个人一样容易。所以说，把握的原则愈简要，所处理的事情越多。强调领导者要抓关键，抓大事。

## 成大器者　不计小节

【原文】　将治大者不治细，成大功者不成小。

【译文】　将要治理大事的人不治理小事，成就大功的人不成就小功。意思是为了成就大事业，可以不必拘泥于琐碎小事。

## 大匠不斫　大庖不豆

【原文】　处大官者，不欲小察，不欲小智，故曰：大匠不斫，大庖不豆。

【译文】　居于高职位的人，不应该在小的地方花费精力，不应该玩弄小聪明。所以说，手艺高超的木匠不去亲自动手砍削，高级的厨师不去亲自排列食器。

## 明智领导　抓大放小

【原文】　大明不小事，假乃理事也。

【译文】　特别明智的领导者不做小事，大事才去做。

## 天下贤主　治国择要

【原文】　天下之贤主，岂必苦形愁虑哉！执其要而已矣。

【译文】 天下贤明的君主哪里必定要劳身费心呢，掌握治国要领就行了。

## 亲小远贤　取祸之道

【原文】 貌合心离者孤，亲谗远忠者亡。

【译文】 意谓外表融洽而内心互异的人必然势单力孤，亲近小人疏远忠良的人必定灭亡。

## 生命短暂　历史永恒

【原文】 万里长城今犹在，不见当年秦始皇。

【译文】 意谓万里长城今天依然雄伟壮观，但当年让修长城的秦始皇却不在了。喻指历史是永恒的，而人的生命却是短暂的。

朱耷《杨柳浴禽图》

## 小怨不解　大怨必生

【原文】 小怨不赦，则大怨必生。

【译文】 意谓小怨恨不及时化解，必然产生大怨恨。

# 先听其言　后观其行

**【原文】**　始吾于人也，听其言而信其行；今吾于人也，听其言而观其行。

**【译文】**　意谓原先我对于别人，是听他怎么说就相信他会怎么做；现在我对于别人，是听他怎么说，然后还要看他怎么做。

# 天降大任　必经磨难

**【原文】**　天将降大任于是人也，必先苦其心志，劳其筋骨，饿其体肤，空乏其身，行拂乱其所为。

**【译文】**　意谓上天把重任降临某人时，必定要先使他心烦意乱，精疲力尽，饥寒交迫，行动总是不能称心如意。喻指要成为杰出的人物，必须经历大的磨难。

# 事不艰难　难知君行

**【原文】**　岁不寒，无以知松柏；事不难，无以知君子。

**【译文】**　意谓天不寒冷就不知道松柏的坚贞；事不艰难就不知道君子德行的高尚。

# 制定法令　无懈可击

**【原文】**　著令甲者，凡以示天下万世，最不可草率，草率则行时必有滞碍。最不可含糊，含糊则行者得以舞文。最不可疏漏，疏漏则出于吾令之外者无以凭借，而行者得以专辄。

【译文】　制定法令，都是为了昭示天下而留传万世，是最不能草率的事，草率了，实行时一定会滞碍难通。最不能含糊其词，含糊了，实行的人就会玩弄法令条文而为奸作弊。最不可疏漏，疏漏了，那些在法令条文规定之外的事情，就没有法律条文作为凭借，实行的人就会根据自己的意思专断擅行。

# 筑基树臬　千年大计

【原文】　筑基树臬者，千年之计也。改弦易辙者，百年之计也。兴废补敝者，十年之计也。垩白黝青者，一时之计也。因仍苟且，势必积衰；助波覆倾，反以裕蛊。先天下之忧者可以审矣。

【译文】　打好基础，定好标准，这是千年的大计。改弦易辙，这是百年之计。兴废补敝。这是十年之计。在黑色的外面再涂上一层白色，这只是一时之计。因循旧规，苟且度日，形势必然一天天衰败下去；推波助澜，反而纵容了小人培植了坏事。这是先天下之忧而忧的人应该明辩的。

# 气运怕盈　不可极至

【原文】　气运怕盈，故天下之势不可使之盈。既盈之势，便当使之损。是故不测之祸、一朝之忿，非目前之积也，成于势盈。势盈者不可自损，捧盈厄者徐行不如少挹。

【译文】　气运害怕满盈，所以天下的形势不可使之达到极点。到了极点，便应该使它降低减少。那些突然发生的灾祸、猛烈爆发的愤怒，都不是目前积累起来的，是事情发展到极点的结果。因此事情发展到极端，应该自我加以消减，捧着盛满酒的酒杯慢慢地前行，还不如少舀点酒好。

# 臣民怠惰　人主之忧

**【原文】**　圣人治天下，常令天下之人精神奋发，意念敛束。奋发则万民无弃业，而兵食足、义气充，平居可以勤国，有事可以捐躯。敛束则万民无邪行，而身家重、名检修，世治则札法易行，国衰则奸盗不起。后世之民怠惰放肆甚矣，臣民而怠惰放肆，明主之忧也。

**【译文】**　圣人治理天下，常常使天下的人精神奋发、意念敛束。精神奋发则万民都努力从事自己的工作，就能兵壮粮足，意气风发，平时可以努力于国事，战时勇于为国牺牲。意念敛束则民众没有邪恶的行为而看重身家性命，注意自身的名声修养，世道兴盛时礼法就容易推行，国势衰微时奸盗也不会兴起。后世的民众都怠惰放肆得太厉害了，臣子和民众都怠惰放肆，这是英明君主最大的忧虑啊！

# 以德治民　民则归附

**【原文】**　能使天下之人者，惟神、惟德、惟惠、惟威。神则无言无为而妙应如响，德则共尊共亲而归附自同。惠则民利其利，威则民畏其法，非是则动众无术矣。

**【译文】**　能够使天下人服从的，只有神、只有德、只有惠、只有威。神不说话也没有作为，而妙应如响。德是大家共同尊崇共同亲近的东西，自然都愿意归附。惠能使民众得到利益。威民众害怕法律的制裁。除此以外，没有别的办法使民众听从你的指挥。

# 纯王之政　需纯王心

**【原文】**　只有不容已之真心，自有不可易之良法。其处之未必当者，必其思之不精者也。其思之不精者，必其心之不切者也。故有纯王之心，方有纯王之政。

【译文】　只要有不懈努力的真心，必然会有不可改变的好办法。处理的不恰当的事，必然是思考的不够精审。思考的不够精审，必然是用心不够急切。因此只有具有纯粹博大实行王道的心，才会有纯粹实行王道的政治。

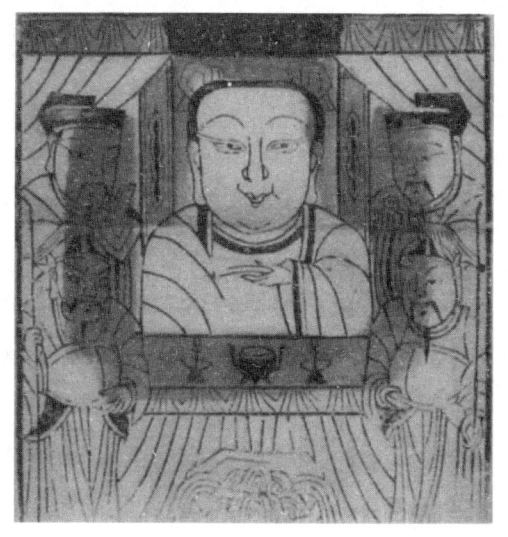

北京年画《井泉童子》

## 明察"六主"　以观君德

【原文】　夫明察"六主"，以观君德。审惟"九风"，以定国常。探其"四乱"，核其"四危"，则理乱可知矣。

【译文】　分辨清楚六种类型的君主，就可以用来考核每一位皇帝的功过得失；总结出九种类型的国家风气，就能鉴定一个国家兴盛还是衰败；探讨四种乱国的表现，核定四种危国的征兆，那么治国安邦、拨乱反正的方针也就清楚了。

## 政策法令　国之根本

【原文】　是故势理者，虽委之不乱；势乱者，虽勤之不治。尧舜拱己无为而有余，势理也；胡亥、王莽驰骛而不足，势乱也。

【译文】　因此可以说，体制、风尚构成了治理的格局，体制合理，顺其自然，国家就不会发生动乱。相反，即使手忙脚乱，也不会治理好。尧舜垂拱，无为而治，都显得雍容有余，因为其体制是治理的格局；胡亥、王莽奔驰忙碌，都制止不住天下大乱，因为其体制就是致乱的格局。

## 辅政之臣　通晓规律

**【原文】**　论曰：夫能匡世辅政之臣，必先明于盛衰之道，通于成败之数，审于治乱之势，达于用舍之宜，然后临机而不惑，见疑而能断，为王者之佐，未有不由斯者矣。

**【译文】**　结论：能够匡扶世道人心、辅佐国家大政的权臣，务必要首先明白盛衰的道理，精通成败的奥秘，研究造成大治或大乱的体制根源，通晓各级领导的任用和罢免的规矩，再加上面临纷繁复杂的时局而不迷惑，遇到疑难、棘手的问题能断决——做为君王的辅相，古往今来，没有不首先从这里做起的。

## 良时未至　其功不成

**【原文】**　举事而不时，力虽尽，其功不成。

**【译文】**　意谓办事时没有选择好时机，虽然费尽了力气，事情也不会成功。

## 智者善谋　不如当时

**【原文】**　知者善谋，不如当时。

**【译文】**　意谓聪明的人再善于使用计谋，也不如抓住适当的时机更重要。

## 不在其位　不谋其政

**【原文】**　不在其位，不谋其政。

【译文】　意谓不在某个职位上，便不为这个职位范围内的事出谋划策。

# 望时而待　未若应时而使

【原文】　望时而待之，孰与应时而使之。

【译文】　意谓与其消极地等待机会的来临，不如顺应时势的要求而争取成功。

# 日中必彗　操刀必割

【原文】　日中必彗，操刀必割。

【译文】　意谓太阳正午时要赶紧晒东西，刀拿在手里就一定要赶紧割肉。喻指要善于抓住到手的机会。

# 怀道须世　抱朴者待工

【原文】　怀道者须世，抱朴者待工。

【译文】　意谓有德才的人要有一定的时机才能施展，怀抱玉石的人需有高明的匠人才能使玉石变成美丽的装饰品。喻指时机和客观条件的重要性。

# 依托外界　成功之助

【原文】　鸿毛一羽，在水而没得，无势也；黄金万钧，在舟而浮者，托舟之势也。

【译文】　意谓一根羽毛放在水上就沉下去了，这是因为没有依托外界；黄金万斤放在船里却能浮在水上，这是因为借助了船的缘故。

## 水到渠成　不须顾虑

【原文】　水到渠成，不须顾虑。

【译文】　意谓水到了渠自然会成，不用过多地劳神费心。

## 地薄无产　水浅无鱼

【原文】　地薄者大木不产，水浅者大鱼不游。

【译文】　意谓贫瘠的土地长不出大树，浅浅的水洼浮不起大鱼。喻指客观条件的重要性。

## 天下大势　人力难驭

【原文】　天下大势之所趋，非人力之所能移也。

【译文】　意谓天下形势的变化，不是以哪个人的意志为转移的。

## 违法必究　反者必恶

【原文】　曲木恶直绳，奸邪恶正法。

【译文】　弯曲的木头厌恶笔直的绳墨，奸邪之人讨厌严正的法律。说明只有坏人才反对违法必究。

## 设而不犯　犯而必诛

【原文】　设而不犯，犯而必诛。

【译文】　制定法令，在于使人畏法而不违犯，犯了就一定要依法治罪。

# 法令一出　坚决执行

【原文】　法立，有犯而必施；令出，惟行而不返。

【译文】　法律一经订立，凡有违反者，必须实施惩治；命令一经发出，只有坚决执行，而不能违反。

# 违犯法纪　必受惩罚

【原文】　法大行，则是为公是，非为公非。天下之人，蹈道必赏，违之必罚。

【译文】　法制贯彻到了社会生活的各个方面，法律肯定的，大家就公认是正确的；法律否定的，大家就公认是错误的。全国每一个人，只要遵守法制，就必定受到奖励，违反法制，就必须受到惩罚。

# 执法必严　违法必究

【原文】　可吁则吁，故天下莫不畏；可俞则俞，故天下莫不服。

【译文】　应该禁止的就禁止，所以天下的人们没有不敬畏的；应该答应的就答应，所以天下的人们没有不信服的。说明只有执法必严，违法必究，才能使人信服。

马远《踏歌图》

## 天下之事　难于贯彻

【原文】　天下之事，不难于立法，而难于法之必行；不难于听言，而难于言之必效。

【译文】　天下的事情，制定法令并不难，难的是切实贯彻执行法令；听取众人意见并不难，难的是让这些意见真正发生效力。

## 有道之君　不用私心

【原文】　有道之君者，善明设法而不以私防者也。而无道之君，既已设法，则舍法而行私者也。为人上者释法而行私，则为人臣者援私以为公。

【译文】　有道之君，是善于明确设立法制而不用私心来阻碍。而无道之君，就是已经设立法制，也还要弃法而行私。做人君的弃法而行私，那么做人臣的就将以私心代替公道。

## 圣明君主　依靠法政

【原文】　圣君任法而不任智，任数而不任说。

【译文】　圣明君主依靠法度而不依靠智谋，依靠政策而不依靠空头议论。

## 治之纲纪　得人则举

【原文】　治之纲纪也，得其人则举，失其人则废。

【译文】　治理国家的法度纪律，得到好的执法人就能实行，失去好的执法人就废弃了。

# 制定法令　必用贤士

**【原文】**　耳不知清浊之分者，不可令调音；心不知治乱之源者，不可令制法。

**【译文】**　耳朵听不出清音浊音的区别的人，不能让他去调整乐音；思想上不懂得国家治与乱根源的人，不能让他制定法律。说明制定法律的人必须通晓历史经验，掌握治乱规律。

# 制法犯法　何以服下

**【原文】**　制法而自犯之，何以帅下？

**【译文】**　制定法令的人却自己犯法，怎么能率领部下呢？

# 推行政令　先择其人

**【原文】**　将行美政，必先择人。失政谓之虐人，失人谓之伤政。舍人为政，虽勤何为？

**【译文】**　将要推行好的政策法令，必定首先选好负责这一工作的人。政策法令不好，等于是虐待负责这一工作的人；执行政策的人选择得不好，政策法令再好也会受到损害。不去选择好推行政策的人，君主虽然辛辛苦苦，又有多大成就呢？

# 新疏如一　无所不行

**【原文】**　法者天下之公器，惟善持法者，亲疏如一，无所不行，则人莫敢有所恃而犯之也。

【译文】 法律，是天下人民的公有重器，只有善于掌握法律的人，才能做到亲疏一个样，任何地方都同样实行，于是人们就不敢有所依仗而犯法了。

## 法不贯彻　责其执者

【原文】 车之不前也，马不力也，不策马而策车何益？法之不行也，人不力也，不议人而议法何益？

【译文】 车子不前进，原因在于马没有尽力，不鞭策马而鞭策车有什么作用呢？法令不能在实际中贯彻，原因在于人不得力，不在人身上动脑筋而在法令上费心思有什么用处呢？意谓法令不能贯彻，应当在执法者身上找原因。

## 易于得方　难于得医

【原文】 不难于得方而难得用方之医；不难于立法而难得行法之人。

【译文】 得到治病的药方并不难，难的是得到会用药方治病的医生；制定法律并不难，难的是得到准确贯彻法律的人。

## 非法之难　而人之难

【原文】 非法之难，而人之难也。

【译文】 不是制定法律难，而是得到公正执法的人很难。

顾恺之《洛神赋图》（局部）

# 治国之弊　借法不重

**【原文】**　治之敝也，任法而不任人。

**【译文】**　治理国家所常犯的弊病，是只凭借法律而不重视掌握法律的人。

# 掌管刑狱　应用德教

**【原文】**　典狱，非讫于威，惟讫于富。

**【译文】**　掌管刑狱，不完全用刑威解决问题，而是用德教解决问题。强调德教在法治中的作用。

# 乱施诛罚　暴乱兴起

**【原文】**　令未布，而罚及之，则是上妄诛也。上安诛则民轻生，民轻生则暴人兴、曹党起而乱贼作矣。

**【译文】**　法令没有及时公布，就实行处罚，那是君主乱施诛罚。乱施诛罚则人民轻生，人民轻生，暴乱之人就要兴起，帮派朋党就要出现，乱贼就要造反了。

## 强力禁制　来者鸷距

**【原文】**　不忧以德则民多怨，惧之以罪则民多诈，止之以力则往者不反，来者鸷距。

**【译文】**　不用德惠来解除人民的忧苦则人民就多有怨恨，单纯用刑罚恐吓则人民多行欺诈，用强力禁制则使去者不肯再回来，来者也裹足不前了。

## 德以施惠　刑以正邪

**【原文】**　德以施惠，刑以正邪。

**【译文】**　德政用来给人恩惠，刑罚用来纠正邪恶。主张德刑并用。

## 国之大使　何敢自专

**【原文】**　国有大任，焉得专之？且侵官，冒也；失官，慢也；离局，奸也。

**【译文】**　国家托付给了你重大任务，怎么可以自作主张、乱管闲事呢？再说，侵犯了别人的职权是冒功，放弃了自己的职责是渎职，离开了本身的岗位是藐视纪律。

## 督名审实　官使自司

**【原文】**　有道之主，因而不为，责而不诏，去想去意，静虚以待，不伐之言，不夺之事，督名审实，官使自司。

【译文】 掌握治国之道的君主，依靠臣子做事，自己却不亲自做。要求臣子做事有成效，自己却不乱发指示。去掉想象，去掉猜度，安静地等待。不代替臣子讲话，不抢夺臣子的事情做。审查名分和实际，官府之事让臣子自己管理。

## 有道之主　察明职分

【原文】 有道之主，其所以使群臣者亦有辔。其辔何如？正名审分，是治之辔已。

【译文】 掌握治国之道的君主，他之所以能役使群臣，是因为他也有"缰绳"。这个"缰绳"是什么呢？辨正百官的名位，察明他们的职分，这就是治理臣子们的"缰绳"。

## 职责不分　投机取巧

【原文】 今以众地者，公作则迟，有所匿其力也；分地则速，无所匿迟也。主亦有地，臣主同地，则臣有所匿其邪矣，主无所避其累矣。

【译文】 现在用许多人耕种土地，共同耕作就缓慢，这是因为人们有办法藏匿自己的力气（偷懒）；分开耕作就迅速，这是因为人们无法偷懒，无法慢腾腾地干活。君主治理国家也像种地一样，臣子和君主职责不清，都干一样的活，臣子就有办法背地里投机取巧，君主就无法避开劳累了。

## 无用之朴　君子不贵

【原文】 无用之朴，君子不贵，虽不事机械变诈，至于德慧术知，亦不可无。

【译文】 无用的朴实木讷，君子不以为贵。虽然君子不用机械变诈的手段，至于德、慧、术、知，也不可无。

# 机敏之人　不为痴事

【原文】　神清人无忽语，机活人无疾事。

【译文】　头胸清晰的人没有疏忽的语言，机敏灵活的人不干傻事。

# 非谋之难　断之难也

【原文】　非谋之难，而断之难也。谋者尽事物之理，达时势之宜，意见所到，不患其不精也。然众精集而两可，断斯难矣。故谋者较尺寸，断者较毫厘；谋者见一方至尽，断者会八方取中。故贤者皆可与谋，而断非圣人不能也。

【译文】　谋划不是难事，做出决断才是难事。谋划的人能穷尽事物的道理，适应时势的需要，提出的意见，不怕它不精确。然而集中众人意见的精华，提出两可的方案，如何决断这就难了。所以说谋划的人用尺寸来较量，而决断的人就要用毫厘来较量；谋划的人对某一方面研究得非常透彻，而决断的人则要会合八方的意见而取其最正确可行的。因此贤者都可以参与谋划，而做出决断则非得圣人不能。

# 事前议论　事后自息

【原文】　天下事只怕认不真，故依违观望，看人言为行止。认得真时，则有不敢从之君亲，更那管一国非之，天下非之。若做事先怕人议论，做到中间，一被诽谤，消然中止，这不止无定力，且是无定见。民各有心，岂有人人识见与我相同？民心至愚，岂得人人意思与我相信？是以作事，君子要见事后功业，体恤事前议论，事成后众论自息。即万一不成，而我所为者合下便是当为也，论不得成败。

**【译文】** 天下的事只怕自己认识不真切，所以才会依违观望，以别人的言论为行动或停止的标准。认识真切时，对于君王或父母的命令也有不听从的，那怕一国人的非议，那怕天下人的非议。若做事先怕人议论，做到中间，一被谤诽，就消然中止，这样不只是无坚定的力量，而且无坚定的见解。民各有心，岂能人人见识与自己相同？民心很愚蠢，岂能人人都相信我的意见？所以做事，君子要使人看到事后的功业，不怕事前的议论，事成之后众论自会停止。即使万一不成功，而我所做的，当初便是应当做的，论不得成败。

## 计较成败 以私废公

**【原文】** 审势量力，固智者事，然理所当为而值可为之地，圣人必做一番，计不得成败。如围成不克，何损于举动，竟是成当堕耳。孔子为政于卫，定要下手正名，便正不来，去卫也得，只是这个事定姑息不过。令人做事只计成败，都是利害心害了是非之公。

**【译文】** 审势量力，固然是智者的事情，然而按理应当做而又遇到可以做的时机，圣人必然要干一番事业，就计较不得成败了。比如孔子打算毁掉三都，包围了成邑而攻打不下，但是派兵攻打是没错的，成邑终究是应该堕毁的。如孔子到卫国去帮助治理国政，一定先下手正定名分，即使正不了，离开卫国也可以，只是这个事不可姑息不做。现在人做事只是计较成败，这都是利害的私心害了是非的公心。

## 撼大摧坚 久久见功

**【原文】** 撼大摧坚，要徐徐下手，久久见功，默默留意。攘臂极力，一犯手自家先败。

**【译文】** 撼动庞大的、摧毁坚固的，要徐徐下手，久久用功，默默留意。攘臂奋力，刚一接手自己就会失败。

# 人心一齐　泰山将移

**【原文】**　昏暗难谕之识，优柔不断之性，刚愎自是之心，皆不可与谋天下之事。智者一见即透，练者触类而通，困者熟思而得，三者之所长，谋事之资也，奈之何其自用也。

**【译文】**　昏暗难谕的见识，优柔寡断的性格，刚愎自用的心肠，这样的人，都不能和他们商量天下的大事。有智慧的人一看就清楚，练达的人触类旁通，困惑的人熟思就可得，这三种人的所长，正是谋划事情的凭借，怎能只依靠自己的力量呢！

# 要其所终　防其所至

**【原文】**　事必要其所终，虑必防其所至，若见眼前快意便了，此最无识。故事有当怒而君子不怒，当喜而君子不喜，当为而君子不为，当已而君子不已者。众人知其一，君子知其他也。

**【译文】**　事情必须要考虑到最终的结果，思虑必须要防止会发生的事情，如果看到眼前痛快就停止，这是最没有见识的。所以事情有当怒的，而君子不怒；有当喜的，而君子不喜；有当做的，而君子不做；有当止的，而君子不止。这是因为众人只知道一个方面，君子却知道其他方面。

陆师道《携卷对山图》（局部）

## 因人而宜　因才而动

【原文】　柔而从人于恶，不若直而挽人于善。直而挽人于善，不若柔而挽人于善之为妙也。

【译文】　为人柔弱，跟随别人作恶，不如为人刚直，拉着别人向善。刚直而拉着别人向善，不如柔和地拉着人向善为妙。

## 祸隐骄漫　福隐小祸

【原文】　天欲祸人，必先以微福骄之，要看他会受，天欲福人，必先以微祸儆之，要看他会救。

【译文】　天要降祸给一个人，必定先降下一些小福分使他起骄漫之心，目的要看他是否懂得承受的道理。天要降福给一个人，必定先降下一些小祸事来使他引起警觉，主要是看他有无自救的本领。

## 爱护则指　恭维则夸

【原文】　世人破绽处，多从周旋处见；指责处，多从爱护处见；艰难处，多从贪恋处见。

【译文】　世人多在与人交际应酬时，行为上发生过失。指责对方，是出于爱护的缘故。而会觉得放不下，则是贪爱留恋所造成的。

## 世间之事　适可而止

【原文】　山栖是胜事，稍一萦恋，则亦市朝。书画赏鉴的雅事，稍一贪痴，则亦商贾。诗酒是乐事，稍一曲人，则亦地狱。好客是豁达事，稍一为俗子所挠，则亦苦海。

**【译文】** 山居本是愉快的事，如果起了贪恋，又与俗世相同。爱好书画是高雅的行为，但过于无厌，则跟商人并无二致。作诗饮酒原是乐事，若是屈从他人，敷衍应付，则如同地狱。好客交友是令心胸舒畅之事，一旦成了俗人喧闹的场所，亦成了苦海。

## 对人宽泛　对己谨严

**【原文】** 轻财足以聚人，律己足以服人，量宽足以得人，身先足以率人。

**【译文】** 不看重钱财可以集聚众人，约束自己可以使众人信服，放宽肚量便会得到他人的帮助，凡事率先去做则可以领导他人。

## 破除迷惑　再现清醒

**【原文】** 从极迷处识迷，则到处醒；将难放怀一放，则万境宽。

**【译文】** 在最易令人迷惑的地方识破迷惑，那么无处不是清醒的状态。将最难以放下心怀的事放下，那么到处都是宽广的境界。

## 平淡之中　展现自我

**【原文】** 良心在夜气清明之候，真正在箪食豆羹之间。故以我索人，不如使人自反；以我攻人，不如使人自露。

**【译文】** 在夜晚心境平和的时候，容易看出一个人的良心，而真实的情感在简单的饮食生活中，最能流露出来。因此与其不断去要求人家，不如使其自我反省；与其攻击他人的弱点，不如使其自我坦白错误。